生物多样性规划与设计
可持续性的实践

[美] 杰克·埃亨　伊丽莎白·勒杜克　玛丽·李·约克　著

林广思　黄晓雪　邝志峰　译

中国建筑工业出版社

著作权合同登记图字：01–2014–1565号

图书在版编目（CIP）数据

生物多样性规划与设计：可持续性的实践／（美）
杰克·埃亨，（美）伊丽莎白·勒杜克，（美）玛丽·李·
约克著；林广思，黄晓雪，邝志峰译. —北京：中国
建筑工业出版社，2021.1
　书名原文：Biodiversity Planning & Design –
Sustainable Practices
　ISBN 978-7-112-25787-4

　Ⅰ.①生… Ⅱ.①杰… ②伊… ③玛… ④林… ⑤黄
… ⑥邝… Ⅲ.①动物园－建筑设计－研究 Ⅳ.
① TU242.6

　中国版本图书馆 CIP 数据核字（2020）第 267530 号

Biodiversity Planning and Design: Sustainable Practices /Jack Ahern, Elizabeth Leduc, and Mary Lee York
Copyright © 2003 Mark Francis
Published by arrangement with Island Press
Translation copyright © 2021 by China Architecture & Building Press

本书由美国Island出版社授权翻译出版

封面摄影：林广思
责任编辑：姚丹宁　杨　虹
责任校对：王　烨

生物多样性规划与设计　可持续性的实践

[美] 杰克·埃亨　伊丽莎白·勒杜克　玛丽·李·约克　著
林广思　黄晓雪　邝志峰　译

*
中国建筑工业出版社出版、发行（北京海淀三里河路9号）
各地新华书店、建筑书店经销
北京锋尚制版有限公司制版
北京中科印刷有限公司印刷
*
开本：889毫米×1194毫米　1/20　印张：8⅛　字数：182千字
2021年6月第一版　2021年6月第一次印刷
定价：45.00元
ISBN 978 – 7 – 112 – 25787 – 4
　　　　（37033）

目　录

中文版序言

案例研究方法与设计　　　　　　　　　　　　　　　　　　　001

第一章　引言：生物多样性规划与设计　　　　　　　　　　　003

第二章　伍德兰公园动物园　　　　　　　　　　　　　　　　024

第三章　戴文斯联邦医药中心综合体：雨洪项目　　　　　　　043

第四章　克罗斯温湿地　　　　　　　　　　　　　　　　　　061

第五章　威拉米特未来的多元选择项目　　　　　　　　　　　076

第六章　佛罗里达州域绿道系统规划项目　　　　　　　　　　095

第七章　结论与讨论　　　　　　　　　　　　　　　　　　　107

风景园林基金会致谢　　　　　　　　　　　　　　　　　　　119

术语汇编　　　　　　　　　　　　　　　　　　　　　　　　121

参考文献　　　　　　　　　　　　　　　　　　　　　　　　129

索引　　　　　　　　　　　　　　　　　　　　　　　　　　141

译后记　　　　　　　　　　　　　　　　　　　　　　　　　155

中文版序言

生物多样性可以被理解为从全球尺度到地方尺度的环境质量的整体指标。环境所支持的非人类物种的数量和多样性不但反映了其支持生命的固有能力，而且反映了这种能力受人类行为影响的程度。当今世界范围内生物多样性下降的状况引起了人们的极大关注——不仅是因为生物多样性本身，还因为生物多样性的丧失意味着环境质量和人类健康的丧失。

为了应对全球生物多样性的丧失，人们需要在鲜有人类活动的地方建立生物保护区。在人口日益增长和城市化的全球背景下，建立新的生物保护区的机会越来越有限。因此，通过有意识的规划和设计来管理建成环境中的生物多样性是非常必要的。本书通过一系列的案例研究来展示和诠释了在面对城市化和土地利用变化时如何维持生物多样性；动物园如何通过教育、激励和影响价值观的方式将生物多样性融入社区；以及如何通过细致的生态研究和创新的工程实践来重建或者复制因发展破坏的生物多样性。本书列举的案例研究都来自美国，选择这些案例旨在提供更广泛的视角来应对不同规模和土地使用环境下的生物多样性挑战。

在宏观尺度上，威拉米特未来的多元选择项目将生态学研究与俄勒冈州的土地利用和发展趋势相结合，形成有效的研究方法，便于了解不同的土地利用政策对特定物种和种群的影响，从而为规划政策及行动提供信息。佛罗里达州域绿道系统规划项目展现了一个愿景，即在快速城市化的州内建立一个空间上相连的生态网络，以维持生物多样性的生境和连接度。

在项目尺度上，伍德兰公园动物园（Woodland Park Zoo）案例研究追溯了以生物为中心的动物园设计方法的演变，该方法不但支持动物园动物的需求，而且通过丰富、沉浸和体验的展览设计，启发了游客对物种——生境关系的新认识。克罗斯温湿地项目案例验证了调查和设计成功实现湿地重建的潜力，使湿地在供养本地物种和迁徙物种的同时，提供丰富的游客体验。戴文斯联邦医药中心综合体雨洪项目展示了在典型的开发项目中如何实现雄心勃勃的生物多样性目标。

总体而言，这一系列案例研究提供了普通规划和设计项目如何取得实质性的生物多样性成果的有用实例。这些项目阐明了通过与民众以及社会所需发展之间的协同合作，从而实现可持续性和生物多样性的路径。书中还囊括了特定的手段、技术和方法，以帮助这些想法应用于中国的其他项目和规划。本书认为，鉴于不断发展的生物多样性危机和可持续发展的大背景，在每一个规划和开发项目中维护或重建生物多样性势在必行；接受这一挑战，并将其作为每一个正在从事的规划和项目的愿景，是专业的规划师和设计师的职业伦理。这本书可认为是在快速发展和城市化进程中呼唤中国规划师和设计师采取行动的一个紧急呼吁。

杰克·埃亨

美国风景园林师协会会士（FASLA）、风景园林教育委员会会士（FCELA）

2018 年 2 月

PREFACE

Biodiversity can be understood as a holistic indicator of environmental quality – from global to local scales. The number and diversity of non-human species that an environment supports reflects the inherent capacity to support life, but also the extent to which that capacity is influenced by human actions. The contemporary declining status of biodiversity worldwide is a cause for great concern – not only for the sake of biodiversity, but also because loss of biodiversity indicates a loss of environmental quality and health for humanity.

In response to the global loss of biodiversity, bio-reserves have been established where human activity is very limited. In a global context of increasing population and urbanization opportunities for new bio-reserves are increasingly limited. Therefore, it is imperative to manage biodiversity in the built environment through intentional planning and design. This book presents a series of case studies to show and explain how biodiversity can be maintained in the face of urbanization and land use change; how zoos can bring biodiversity to a community in a way that educates, inspires and influences values; and how development-related disruption can be restored or replicated through careful ecological research and innovative construction practices. The case studies in the book, all from the USA, were selected to illustrate a broad perspective on how the biodiversity challenge can be addressed across a range of scales and land-use contexts.

At the broad scale, the Willamette Valley Alternative Futures Project combines research on ecology with land use and development trends in the State of Oregon to produce a powerful tool to understand the consequences of alternative land use policies on specific species and species groups to inform planning policy and action. The Florida Statewide Greenways System Planning Project presents a vision for establishing a spatially-linked ecological network across a rapidly-urbanizing state to maintain habitats and connectivity for biodiversity.

At the project scale, the Woodland Park Zoo case study traces the evolution of the bio-centric approach to zoo design that not only supports zoo animals' needs but provides visitors with new understanding of species-habitat relationships through a rich, immersive and experiential exhibit design. The Crosswinds Marsh case study examines the potential for research and design to achieve a successful wetland restoration, supporting local and migratory species and providing a rich visitor experience. The Devens Federal Medical Center Complex: Stormwater Project shows how ambitious biodiversity goals can be achieved in the context of a typical development project.

Together, this collection of case studies offers useful examples of how common planning and design projects can achieve substantial biodiversity results. Projects as these illuminate a path towards sustainability and biodiversity in partnership with people and the development that our society needs. Specific tools, techniques and methods are included to aid in the application of these ideas to other projects and plans in China. This book argues that in light of the evolving biodiversity crisis and in a context of sustainable development, it is imperative to maintain or restore biodiversity in every planning and development project – and it is the ethical role of professional planners and designers to accept this challenge as a goal for every plan and project undertaken. The book can be understood as an urgent call for action for planners and designers in China in a period of rapid development and urbanization.

Jack Ahern

FASLA, FCELA

February 2018

案例研究方法与设计

本研究中所使用的研究方法是基于《风景园林案例研究法》（*A Case Study Method for Landscape Architecture*）（Francis 2001）和罗伯特·K. 殷的案例研究的设计和分析的方法（Yin 1994）制定的。同时也参考了由风景园林基金会（Landscape Architecture Foundation，缩写为 LAF）和岛屿出版社（Island Press）联合出版（Francis 2003a，2003b，Schneider 2003）的"土地和社区设计案例研究系列"（*the Land and Community Design Case Study Series*）丛书。我们采用了一系列的案例研究方法完成这项工作，其中包括结构式访谈、文档审阅、项目评估、实地考察，以及文献综述。在研究每一个案例时，为了获得更广阔的视角，还参考了一系列的信息源。其中包括风景园林和规划方面的学者、生态学家和保育生物学家、风景园林从业者和美国政府相关机构的专家。

这项基于议题（issue-based）的案例研究检视了生物多样性的主题在公共和私人的风景园林和规划实践中的应用。通过系列案例分析的方法，该项研究分析了生物多样性规划、设计、重建和管理的策略和方法，尺度从州域到单个的项目都有涉及。这些案例按照从精细尺度到宏观尺度的顺序呈现 ①，开始分析的是位于华盛顿州、马萨诸塞州和密歇根州的特定场地的项目，然后是俄勒冈州威拉米特河流域和佛罗里达州州域的规划工作。

---

① 精细尺度（fine scale）通常用来表述显示相对较小的地理区域上的生态生境分布细节。宏观尺度（broad scale）通常用来表述相对较大的地理区域内大致的生态生境分布。——译者注

研究过程

案例研究的选择和分析遵循以下几个具体步骤：

1. 从多个角度来评论生物多样性规划和设计，明确定义、趋势、关键问题以及规划和设计策略。

2. 综述生物多样性的文献，用于构建研究命题，组织案例研究设计、方案和分析。

3. 选择具有代表性的项目：（1）具有多样性的尺度（α，β，γ）；（2）体现美国不同的地理环境（华盛顿州、马萨诸塞州、密歇根州、俄勒冈州、佛罗里达州）；（3）风景园林师和规划师深度参与；（4）具有较高的专业和学术水准的创新工作项目。

4. 确定可用于每个项目深入分析的关键的个人、组织和应用领域。

5. 收集证据（进行采访、参观项目、文献综述以及实践研究）。

6. 分析案例研究的证据，编写一份用于评审和评论的报告草稿。

7. 准备最终的案例研究，包括插图。

案例研究命题

对生物多样性的规划和设计的初步研究帮助我们阐明了 4 个研究命题。这些命题旨在反映关键理论问题，并提出重要的生物多样性的规划和设计方面的"如何"与"为何"的问题。下面列出的命题在每个案例都得到了研究，并在结论章中进行了讨论。

1. 乡村、城郊和城市地区都需要生物多样性规划。

2. 在未退化的生境变得稀少的情况下，风景园林师和规划师将在生物多样性规划和重建生态中发挥着重要的作用。

3. 明确属于项目任务或设计过程的生物多样性目的更有可能被实现。

4. 将生物多样性信息与规划设计过程整合，有助于更好地平衡土地使用和自然环境的需求，提高公众对生物多样性之于人类价值的认识。

第一章

引言：生物多样性规划与设计

生物多样性的状况在世界范围内受到的关注越来越多。科学家之间存在一定的共识，即生境消失与退化是全球生物多样性减少的主要原因。著名昆虫学家、生物多样性意识的倡导者爱德华·O.威尔逊（Edward O. Wilson）（1988，3）主张："总的来说，我们处于一场比赛之中。我们亟需获取知识，建立一个关乎未来数个世纪明智的保育与发展的政策。"

如果生境消失是生物多样性下降的主要原因，那么规划设计在（制定）针对保育、保护或者管理景观与生境的可行对策中，将是至关重要的。规划师制定政策与规划、组织土地利用以满足多种需要。风景园林师的设计以物质形态呈现，并影响土地和生境的保护、变迁及重建。风景园林师和规划师通过独立工作或者是由保育生物学家、重建生态学家以及自然和社会科学家组成跨学科团队从事生物多样性工作。其中一些团队非常成功地处理了各种的尺度和地理环境的生物多样性问题。

作为它的案例研究系列的一部分，风景园林基金会资助了本次基于议题的研究，以探究风景园林师和规划师如何在他们的工作中处理生物多样性。这个案例研究试图了解生物多样性如何与专业规划和设计工作中的其他目标相适应；了解风景园林师和规划师在跨学科团队中的角色；以及了解当面临不确定性和不完整知识时，推进生物多样性规划和设计的策略。该研究包括5个生物多样性的规划和设计项目，被整理成一个基于议题的比较案例研究，代表了全美范围的不同尺度和地理位置。项目如下：

1. 位于华盛顿州西雅图的琼斯＆琼斯建筑师事务所和风景园林师有限公司（Jones & Jones，Architects and Landscape Architects）编制的《伍德兰公园动物园的远景规划》（*Woodland Park Zoo's long-range plan*）。

2. 位于马萨诸塞州德文斯（Devens）的卡罗·R. 约翰逊及合伙人事务所（Carol R. Johnson and Associates）主持的一个雨洪管理和湿地重建项目。

3. 位于密歇根州安娜堡的史密斯集团 JJR 事务所（Smith Group/JJR）主持的密歇根州韦恩县（Wayne）克罗斯温湿地补偿项目（Crosswinds Marsh Wetland Mitigation project）。

4. 俄勒冈大学风景园林师戴维·赫斯（David Hulse）和同事们主持的俄勒冈州威拉米特河流域研究（Willamette River Basin Study）。

5. 佛罗里达大学风景园林学系编制的佛罗里达州域绿道系统规划项目（Florida Statewide Greenways System Planning Project）。

我们的研究发现，当生物多样性规划与普及环境教育、减缓环境影响、遵从法规等其他目标相结合时最为成功。实现多目标需要一个跨学科的途径，规划师和设计师通常擅于领导这样的团队。这是因为风景园林师和规划师具有综合和图示化复杂信息的能力，熟悉施工流程，懂得促进公众参与的技巧，还是项目实施和管理方面的专家。此外，研究还发现，尽管生物多样性很重要，但是在（一般性的）规划设计项目中它通常是次要的或者较小的目标。在宏观尺度和公共政策相关的项目中以及被管理和审批机构授权时，生物多样性的重要性会得到提升。

用于规划和设计生物多样性项目的数据往往不完整，无法明确支持规划和设计决策——这是一个与所需数据的特定地点和物种特性有关的内在问题。然而，尽管缺乏完善的数据，项目建成前后的监测由于经费和不便利的问题往往不能进行。这限制了风景园林师和规划师在项目构思、设计和建造中的持续参与，从而无法了解是否达到了预期的结果。缺乏监测所错过的机会包括：（1）贡献新的科学知识；（2）提供给规划师和设计师扩大与科学家和决策者跨学科合作的机会；（3）通过"从实践中学习"提高并完善关于更有效处理生物多样性的规划策略和设计。

生物多样性隐藏在几乎所有风景园林师和规划师的工作中，并且许多迹象表明了全球对生物多样性规划的兴趣和支持在日益增加。规划和风景园林两个学科都在各自专业协会提出的伦理准则中包括了对待自然环境的基本原则。人们希望风景园林师捍卫环境保育的价值，特别是像在《美国风景园林师协会环境伦理准则》（*ASLA Code*

of Environmental Ethics）的 ES1.13 款描述的那样："土地利用规划设计原则和野生动物生境保护原则应该被整合，以促进对保育野生动物的景观的改善、保护和管理。"
（American Society of Landscape Architects 2000，1）

同样地，美国规划协会（American Planning Association，缩写为 APA）也提出了《规划中的伦理原则》（*Ethical Principles in Planning*），以指导注册规划师和其他从业的规划师的行为。包含在这些原则中的有："规划师必须努力保护自然环境的完整性"（America Planning Association 1992，1）。生物多样性规划和设计是国际生态重建学会（Society for Ecological Restoration International，缩写为 SER）的中心议题，该学会把如下声明作为其使命的一部分："促进生态重建，作为维持地球生物多样性的一种手段并重建自然和文化之间的生态健康的关系。"（Society for Ecological Restoration International 2004）

生物多样性为规划和设计的专业人员提供了重要的发展机遇。为了成为更加活跃的参与者，风景园林师和规划师需要：更加熟悉生物多样性规划和设计的议题、术语和途径；理解代表物种选择的复杂议题，以及如何在物种或生境组合以及生态模型中运用某一种方法；并且发展更先进的技能去领导跨学科的团队。通过研究规划师和设计师如何参与到美国的 5 个具体项目之中，以及通过识别优势和薄弱环节，本研究旨在识别这些专业人员能够参与并促进生物多样性保育的具体方式。这项研究的目的不仅是鼓励设计和规划专业人员在涉及生物多样性议题的项目中发挥更积极的作用，而且希望能更好地向他们告知生物多样性和保育工作方面的总体情况。

生物多样性的定义

在独立研究人员、政府机构和国际组织撰写的当前文献中，生物多样性有许多定义。这些定义之间的差异强调了这一议题的复杂性。有些包括详细的空间或时间的考量，而另一些却相当简单。例如，基斯顿中心（Keystone Center 1991，2）把生物多样性描述为"生命及其进程的多样性"，然而，生物学家布鲁斯·A. 威尔科特斯（B. A. Wilcox 1982，640）称其为"生命形态的多样性及其发挥的生态作用以及它们包含的基因多样性"。这些简单的定义认识到物种的数量和影响这些物种的生态进程具有同等的重要性。保育生物学家里德·F. 诺斯和艾伦·Y. 库柏莱德（R. F.

Noss & A. Y. Cooperrider 1994，5）将基斯顿中心的定义扩展为："生物多样性是生命及其进程的多样性。它包括了生物体的多样性、基因差异、产生的群落和生态系统，以及保障了生物机能并使之不断变化和适应生态与进化的过程的多样性。"

　　类似地，由联邦、州、国际、非政府、学术和工业合作伙伴组成的"美国国家生物信息基础设施"（U.S. National Biological Information Infrastructure，缩写为NBII）指出："生物多样性是生命及其相互作用的多样性的总和，可以分为：1）基因多样性；2）物种多样性；3）生态的或生态系统多样性"（NBII，2003）。在1992年，世界资源研究所（World Resources Institute）、世界自然保护联盟（the World Conservation Union，又称IUCN，即International Union for Conservation of Nature的缩写，或者是International Union for Conservation of Nature and Natural Resources，即国际自然和自然资源保护联盟）和联合国环境规划署（United Nations Environment Programme，缩写为UNEP）共同出版了《全球生物多样性战略》（*Global Biodiversity Strategy*），其中生物多样性是指"所有来源的活的生物体中的变异性，这些来源包括陆地、海洋和其它水生生态系统及其所构成的生态综合体；这包括物种内、物种之间和生态系统的多样性。"（WRI 1992）。《全球生物多样性战略》进一步阐述了上述3个范畴：

　　1. 基因多样性（α多样性），涉及物种内基因的变异，包括同一物种的不同种群或种群内的基因差异。

　　2. 物种多样性（β多样性），是指一定地域内物种的多样性，物种多样性可以通过多种方式测量；经常使用一个区域的物种数量，或者物种丰富度。物种多样性也被认为是分类多样性，它考虑了一个物种与另一个物种的关系。

　　3. 生态系统多样性（γ多样性），是指特定地区的物种数量、物种的生态功能、物种组成在一个地区内的变化方式、在特定地区的物种关联以及在这些生态系统之内和之间的过程。生态系统多样性延伸到景观和生物群区层面。

　　著名的生态学家罗伯特·惠特克（Robert Whittaker）是第一批在测量物种丰富度时意识到尺度议题的科学家之一。他建议按照α、β和γ的范畴考虑物种多样性；α多样性涉及物种在一个小的、被定义好的区域，例如一个研究区；β多样性探讨生境之间物种的多样性，例如一个沿梯度分布的区域；γ多样性则完全是在景观或广阔地理区域内统计物种数量（Whittaker 1975）。同样地，景观生态学家希拉·派克（Sheila Peck 1998）建议生物多样性可以根据生物组织的四个不同层次来阐述：景观、群落、种群和基因。

一些组织和研究人员定义生物多样性时包括了时间和演化两方面。例如，由大自然保护协会（The Nature Conservancy，缩写为TNC）和生物多样性信息协会（Association for Biodiversity Information）在它们的联合项目《珍贵遗产：美国生物多样性状况》（*Precious Heritage: The Status of Biodiversity in the United States*）中提出的广泛定义不仅包括基因、物种和生态系统，而且扩展到"生物多样性还包括使地球上的生命得以持续适应和演化的生态和进化的过程"（Groves et al. 2000，7）。时间的要素也出现在希拉·派克关于生物多样性的定义中："这些变化不仅是在现在可见，而且是在一段时间内依然呈现"（Peck 1998，17）。

上述的定义显示出3个主要的相似之处：（1）生物多样性在多个尺度上都存在并且需要在这些尺度上认知；（2）生物多样性与其物理环境不可分割；（3）生物多样性与生态过程是紧密相连的。为了开展研究，我们将这些相似之处整合，得到以下适用于本书的定义（working definition）："生物多样性是在一个生态系统或地区中伴随着时间的推移的基因、物种、生态系统的总体，包括支持和维持生命的生态系统的结构和功能。"

生物多样性的状况——测量与趋势

无论关于空间与时间的背景或伴随着的生态过程的议题是否被提出，至少一个普遍的共识是存在的：生物多样性的概念依赖于有关地球上现存物种数量的基础知识。物种数量本身就是一个有争议的话题，根据计算方法和所使用的数据（的不同），对于物种数量的预估存在跨数量级的差异，爱德华·O. 威尔逊（Edward O. Wilson，1988）提出：确切的物种数量从3百万到3千万不等。1982年，特里·欧文（Terry L. Erwin，1982）通过在巴拿马热带雨林的选定树木收集昆虫及其排泄物得出：全世界仅热带节肢动物就有3千万种。根据物种数和体型大小间存在反比关系的假设，牛津大学的动物学家罗伯特·M. 梅（Robert M. May，1988）估计全球物种丰富度在

1 000 万 ~ 5 000 万之间。在 1995 年，联合国环境规划署估计，地球上有 1 360 万种生物（Hammond，1993）。这个数字非常接近于尼格尔·斯托克（Nigel Stork）在由美国自然历史博物馆赞助的"危机中的生命星球"（Living Planet in Crisis）会议上提出的 1 340 万，目前被认为是可以接受的有效的估算。

具有讽刺意味的是，生物学家对这些群体的信息知之甚少，哪怕是最常见的，例如昆虫。目前，大多数被命名的物种是脊椎动物和植物，昆虫物种的数量还不得而知。对地球上昆虫总数的最佳估计是 875 万，而只有约 102.5 万（12%）被命名（表 1.1）。相比之下，已有 4 650 种哺乳动物被命名，占估计总数 4 800 的 97%（Gibbs，2001）。

命名与未命名的世界物种			表 1.1
	全世界估计总数	目前命名数	比例（%）
所有物种	8 750 000	1 025 000	12
哺乳类	4 800	4 650	97

资料来源：Gibbs 2001

针对这种不确定性，物种多样性分类方面的努力正在全球、国家及地区尺度内展开。在全球范围内，世界自然保护联盟计划在五年内评估超过 10 万种物种（World Conservation Union–IUCN 2000）。该组织通过评估全球现存物种保育状况来提高对于濒临灭绝的物种的关注度的工作已经进行 40 年。这项评估的成果之一是红皮书（Red Book）项目，通过建立全球生物多样性丧失指数及鉴定高危物种来减少全球物种灭绝率（World Conservation Union–IUCN 2001）。通过对 2000 年及 1996 年的"濒危物种红色名录"（Red List of Endangered Species）进行比较，世界自然保护联盟发现物种灭绝危机的严重程度比之前估计的还要糟糕，许多物种数量正急剧下降（World Conservation Union–IUCN 2000）。总体而言，世界自然保护联盟认为约有 1.1 万种植物和动物正在受到威胁。具体来说，他们的研究结果显示有 24% 的哺乳动物、12% 的鸟类、20% 的两栖动物、25% 的爬行动物和 30% 的鱼类正面临极高的灭绝风险（表 1.2）（World Conservation Union–IUCN 2000, 1-2）。全球范围内的其他努力还包括全球生物多样性信息网络（Global Biodiversity Information Facility，GBIF）和物种 2000（Species 2000）两个行动计划共同创建一个物种综合网络数据库（Species 2000，2002）。

当前面临灭绝威胁的全球物种所占的比例 　　　表 1.2

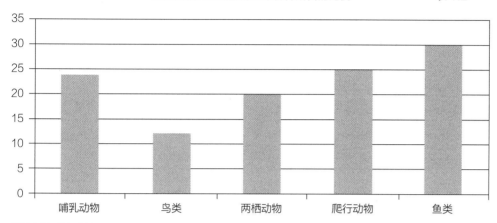

资料来源：World Conservation Union-IUCN，2000

　　显然，我们不知道地球上所有物种的总数，按照最好的估计，我们已经命名的物种只是现存生物多样性的一小部分。在全球层面上，大多数专家指出，在世界某些物种最丰富地区物种数量正在大幅下降。造成这一问题的原因是，世界上的大部分生物多样性都存在于热带地区，存在于面临人口扩张、资源匮乏问题的发展中国家，这些国家无暇顾及物种的分类和保育问题。毫无疑问，未来的全球政策和规划措施必须通过持续的研究、保育和发展可持续的经济保育政策来应对这一挑战。

　　尽管美国多数地区是温带气候，但是它的全球多样性等级方面排名相当高。据马萨诸塞州环境事务行政办公室（Massachusetts Executive Office of Environmental Affairs，2001）统计，美国的淡水蚌、蜗牛及小龙虾的种类在全球物种总数中排名第一。美国还拥有世界 9% 的哺乳动物物种和 7% 的开花植物物种。许多全国性的工作正在清查和评估美国生物多样性的状况。根据 1973 年的《濒危物种法》（*Endangered Species Act*），美国鱼类和野生动物局（U.S. Fish and Wildlife Service）的受威胁和濒危物种系统（Threatened and Endangered Species System，缩写为 TESS）列出了在美国被认为濒危或受威胁的物种。目前该数据库列出了 509 种动物，附加 25 种建议列入清单的；740 种植物，附加 10 种建议添加的（U.S. Fish and Wildlife Service 2002）。

　　自然遗产网络（Natural Heritage Network）是另一个全国性的调查项目，是全国各地的州级机构与大自然保护协会、生物多样性信息协会的合作成果。自然遗产网络

图 1.1　大自然保护协会所作的美国本土动植物濒危等级。参见《大自然保护协会保育状况等级》（*Nature Conservancy conservation status rank*）的术语汇编中等级类别的解释。
资料来源：Master et al. 2000

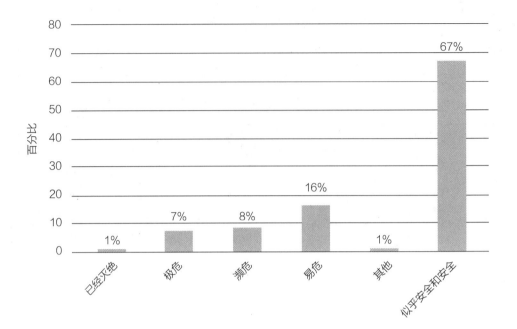

在全美 50 个州运行，最近已扩展到西半球的其他几个国家。据估计，全美境内物种总数约有 20 万种，它的数据库已经评估了其中的 3 万多种美国境内物种，指出其中大约三分之一都需要被保育（Master et al. 2000，101）（图 1.1）。

　　在区域层面的努力中，在大烟山（Great Smoky Mountains）实施的全类群生物多样性清单（All Taxa Biodiversity Inventory，缩写为 ATBI），在 18 个月期间发现 115 种以前未知的物种（All Taxa Biodiversity Inventory 2002）。在马萨诸塞州，由环境事务执行办公室和大自然保护协会之间合作的自然遗产和濒危物种项目（Natural Heritage and Endangered Species Program）创建了马萨诸塞州生物和保育数据库（Massachusetts Biological and Conservation Database），汇编了该州 600 多种物种的 1 万多条记录。结果显示，在过去 250 年，已有 7 种脊椎动物及估计 60 ~ 70 种植物在马萨诸塞州灭绝（Massachusetts Executive Office of Environmental Affairs 2001）。

　　然而，尽管美国拥有许多不同的组织在不同的尺度层面上评估和保育生物多样性，但（物种数量的评估）依然存在许多挑战。据美国农业部的资料，全美大约有 70% 的土地面积是私有的，大量（接近四分之一）的濒危物种居住在这些土地上。而且，将受到威胁的生物多样性集中度与美国人口密度进行比较，发现了令人担忧的重叠程度（Groves et al. 2000）。未来如何保育生物多样性的决策将会是复杂的，涉及人类的需求和利益谈判，包括对于市区和郊区的生物多样性的考量。

虽然学术界普遍认为灭绝速度一直在持续增长，但是对于这个速度的实际增幅仍然未能达成一致。据罗伯特·梅（Robert May）的研究，灭绝的速度在过去 100 年间大约比人类在地球上出现前翻了 1 000 倍。他解释说，各种各样的论据"意味着下个世纪还会再增加约 10 倍的速度……这将直接让我们处在地球历史上第六次大灭绝浪潮的边缘"（May，引自 Gibbs 2001，42）。梅引用来自世界自然保护联盟的统计信息作出预测（May，1988），在未来三百年，灭绝率将上升 12 ~ 55 倍。在 1993 年，史密斯等人（Smith et al.）从当时记录的灭绝率推算出，在三四百年内，鸟类和哺乳动物等一些生物分类群体的灭绝率将达到令人担忧的 50%。更极端的是，有学者在 1980 年代提出，预计每十年间有 8% ~ 11% 的物种消失（Lovejoy 1980；Raven 1988）。

许多这类科学家将估算建立在由罗伯特·H.麦克阿瑟和爱德华·O.威尔逊（MacArthur & Wilson 1967）提出的种—面积关系理论（species–area theory）基础上。该理论预测，生境面积减少 90%，将导致该地区物种数量减半。爱德华·O.威尔逊认为，物种的丧失将继续下去，直到人口停止增长。他将现阶段称为"瓶颈"期，"因为我们必须通过争夺剩余的资源，才能进入某个人口下降的时代，或许是在 22 世纪。我们的目标是携带尽可能多的生物多样性（到达那个时代）"（引自 Gibbs 2001，49）。

然而，一些科学家不同意这些估计。K. S. 布朗和 G. G. 布朗（Brown & Brown 1992）指出，虽然大西洋雨林面积已减少到原本的 12%，但是种—面积关系理论预测的 50% 物种灭绝却似乎并没有发生。其他人指出，准确鉴定一个特定物种最后样本的死亡时间是非常难的（Ehrlich & Wilson 1991；Mawdsley and Stork 1995）。影响灭绝的因素可能需要多年累积才产生最后一击（Heywood et al. 1994）。因此，尽管这些物种可能多存活了几十年，但它们终会灭绝。

到目前为止，在这些生物学家惊人的灭绝预测所提出的挑战中，最大的来自丹麦统计学家比昂·隆伯格（Bjorn Lomborg）。在他的《可疑的环保主义者》（*The Skeptical Environmentalist*）一书中，隆伯格指责有关生物多样性下降的报告已被严重地夸大了，环保人士忽略了这样的实情：因热带森林采伐导致生物多样性减少的数据并未将预计的自然灭绝部分纳入考量（Lomborg 2001）。然而，科学界无视他关于每

10 年物种减少 0.15% 的非常保守的估计，并怀疑他生物科学家的身份以及其所依赖的贫乏的数据（Gibbs 2001，43）。

至少，科学家们都认为灭绝的增长速度超过了正常水平，因此全球生物多样性正在下降。正在进行的对物种的命名和编录的工作，将促进我们对于这些损失的理解并且帮助我们认识到怎样做才能阻止或延缓这种损失。然而，尽管关于物种命名和描述的工作尚未完成，科学家和其他保育专业人员也必须做出如何利用有限的信息及资源保育现有的生物多样性的决定。他们应该采取什么样的手段？他们怎样才能够决定哪些物种需要保护？在一个区域内一个物种又需要多少个体才能维持种群延续？甚至，他们如何来评估种群的发展趋势？

评估和保育生物多样性策略

风景园林师和规划师必须依靠生物学家的专业知识进行生物多样性评估。重要的是，他们要理解相关的概念和术语，才能够有效地展开合作。评估和保育生物多样性的方法分为两大类：被动策略，一旦发现难题或议题已经发生时采取；主动策略，在出现难题之前进行。整合两种策略的生物多样性规划，有可能获得更大的成功。

一般对于生物多样性的评估，要么是针对已陷入困境之物种的"濒危物种"被动策略，要么是保护生物多样性高度集中之地理区域的"热点地区"主动策略。从北美地区来看，过去物种保育的方法，旨在保存对人类有已知价值的单一物种，通过控制其数量的下降来确保未来能被人类使用。理想物种（如鹿和驯鹿）得到了保育，而不理想的物种（如狼）就被推到了灭绝的边缘。这些早期的努力往往集中在那些肉或兽皮可利用的被狩猎的大型脊椎动物。渐渐地，得益于 1973 年的《濒危物种法》，被保育的物种范围扩大到包括无脊椎动物、植物和其他历史上被低估的物种（Noss & Cooperrider 1994）。按照《濒危物种法》的定义，易危种（vulnerable species）是那些正处在灭绝危险中或被联邦政府列为受到威胁和濒临灭绝的物种（Threatened and Endangered Species，缩写为 TES）（Feinsinger 2001）。这种易危种保育方式有几个缺点：

1. 直到最近，它一直专注于大型脊椎动物而排斥植物和无脊椎动物。

2. 这种精心筛选，关注单一品种的手段不可能顾及世界上的大量物种。

3. 从历史上看，这种方法解决了对物种生存的直接威胁，如偷猎和狩猎，但实际上却越来越误导保育的焦点，因为生境丧失已经替代直接杀戮而成为物种灭绝的主要威胁。

4. 大多数针对单一物种的措施是被动的，只在物种危机时才起作用（Noss and Cooperrider 1994）。

濒危物种保育与开发活动产生根本的冲突，促使双方试图在物种生物学和开发替代方法的基础上就保育与发展之间的合理妥协进行谈判，建立符合《濒危物种法》规定的多物种生境保育规划。对于纯粹主义者来说，生境保育规划代表着《濒危物种法》不可接受的削弱，而对于其他人，这类规划提供了一个保育与发展的可持续"平衡"模式，这一模式对生物多样性给予了认真的考量（Beatley 1994）。

另外，热点地区的做法更具有战略性和主动性，因为其核心是区域保护，它在目标地区的生态系统与物种质量完全退化之前有助于进行全面保育。一般来说，热点地区具有高的物种丰富度和地方性物种（这些物种只存在于世界上的某一地区）。热点程度也可以由该地区受威胁的程度决定。例如，总部设在美国的非营利国际组织——保育国际（Conservation International，缩写为 CI）将热点地区方法作为保育生物多样性的核心策略。该组织已在全球范围确定了 25 个热点地区，并集中精力保护这些地区。据保育国际主席罗素·A. 米特迈尔（Russell A. Mittermeier）介绍"热点地区战略使我们能够优先考虑和确定保育投资的目标，以产生最大的效益，从而使灭绝危机更易于管理"（Conservation International 2002）。

美国地质调查局生物资源处（the Biological Resource Division of the U.S. Geological Survey）开展的国家隙地分析项目（National Gap Analysis Program，简称 GAP）是另一个利用热点方法的例子。它被用来分析在当前受保护土地网络中本地动物种和自然植物群落的状况。在隙地分析项目中，"隙地"是指在当前保护土地上特殊种群或自然群落没有被准确地呈现的地区。隙地分析项目将土地分类为四个管理级别，其范围从存在自然干扰体系的永久保护（1级）到允许人类对现存生态系统与植物群落进行广泛改变的未受保护的地区（4级）（Jennings 2000）。当土地被确定为"隙地"后，可以被有针对性地征收或者实施不同的管理方式。隙地分析是一种热点保护的类型，通过对生态过程和物种分布进行监测，来确定哪些区域在物种受到威胁之前应该得到保护。这个项目的既定目标是"确保所有生态系统和物种多样性丰富的地区在生物多样性管理地区得到准确地呈现"（Scott et al. 1993，1）。

国家隙地分析项目的分析是一个和生境关联的生物多样性评估方法。在隙地分析中，特定的生境类型与物种需要和偏好（可参考相关文献）相关联，并用以预测这些物种可能存在的区域。然后再通过野外考察验证预测。它是一种粗滤器的方法，其中体量大且可测绘的植被单元被假定为支持广泛的物种（Scott et al. 1993；Jennings 2000）。植被分布图通过卫星图像被绘制出来，而本地动物物种的分布图则通过博物馆或有关机构的标本采集记录、已知的大致范围以及生境组合来绘制，然后将生成的地理信息系统（GIS）地图覆盖在土地管理领域的地图之上，以找出"隙地"，并加强自然保育和土地征收力度。自 1988 年开展以来，隙地图绘已在美国本土 48 个州完成，它不仅支持隙地规划，还支持其他多用途的州域和区域规划的活动，包括绿道规划。迈克尔·D. 詹宁斯（Jennings 2000）预测，未来人类活动将更加明确地与隙地分析结合，从而引导一个综合的生物多样性决策支持系统的发展。

另一个粗滤器（coarse filter）的方法是世界自然基金会（World Wildlife Fund，缩写为 WWF）采用的生态区（ecoregion）的方法；这一方法试图在区域尺度和更广泛的时间周期上进行主动保育和规划。这是在美国环境保护署（U.S. Environmental Protection Agency，缩写为 EPA）的詹姆斯·奥默尼克（James Omernick）和美国林务局（U.S. Forest Service）的罗伯特·贝利（Robert Bailey）的工作基础上提出的（Stein，Kutner，and Adams 2000）。生态区是由陆地或水域组成的广大区域，包括"地理上独特的自然群落的聚集"，其中包含了许多存在于类似的环境条件下并依赖于生态交互作用而长期生存的相同的生态过程和物种（Dinerstein et al. 2000，13）。世界自然基金会已经确定了超过 200 个生态区，利用它们来确定优先保育事项。生态区通过简化景观来揭示表层下的模式。为了用更精细的、更适合的尺度来解决生物多样性的问题，大自然保护协会和国家遗产网络（National Heritage Network）采用测绘生态群落的方法；生态群落是在同一地区共同存在的且在生命过程中具有潜在相互关联的物种聚集（McPeek and Miller 1996）。

选择物种进行生物多样性规划是极其困难的：要真正包容地考虑许多需要保护的物种，但是很少有足够的针对性物种的知识、信息或时间来支持这种包容的方法。随着物种数量的增加，规划的成本和时间也增加了。针对这一难题，生物多样性规划师经常使用代表性或指示性的物种。指示种是指能提供生态系统和该生态系统的其他物种的整体状态信息的物种。指示种标记了生物或非生物条件的变化。它们反映出了环境条件的质量和变化以及群落组成的各个方面（Heywood and Watson 1995）。

生物多样性规划师常认为指示种是目标种的同义词。然而，一些专家认为，目标种的选择往往更注重其在保育政策中的价值，而不是在它们作为生物指示种的合理性（Landres et al. 1988；Noss 1990；Feinsinger 2001；Storch and Bissonette 2003）。就这个角度而言，目标种的使用策略是被动的。此外，在选择何种物种应该作为指示种时会出现问题：有关指示动物群选择方法的文献似乎很少达成共识（Hilty and Merenlender 2000）。表 1.3 提供了一系列生物多样性规划选择物种的常用方法。

生物多样性规划物种选择方法举例	表 1.3

---

1. 魅力种（Charismatic species）：具有美学上的吸引力，容易使一般大众产生同情。例如蝴蝶类（*Lepidoptera* spp.）、灰狼（*Canis lupis*）、大熊猫（*Ailuropoda melanoleuca*）和兰科（*Orchidae*）。这些科和物种通常是可推广的，也可用作活动中的标志（Feinsinger 2001）。

---

2. 旗舰种（Flagship species）：受欢迎和有魅力的物种。它们能吸引人们对保育的广泛支持，经常在特定的景观中作为保育工作的先锋。脊椎动物物种如太平洋西北地区的北方斑点鸮（*Strix occidentalis*）或佛罗里达美洲狮（*Puma concolor coryi*），常被认为是旗舰种（Simberloff 1998；Schrader-Frechette and McCoy 1993）。

---

3. 伞护种（Umbrella species）：为了维持可生存的种群而需要大面积生境的物种。保护它们的生境可以保护该范围内许多其他物种的生境和种群，它们就像其他生物的一把保护伞。保育这类物种被称作是无需监督每一个单独的物种而能满足所有物种之需求的有效手段，因为它们可发挥粗滤器的功能（Wilcove 1993）。在选择保育还是其他土地利用目标的优先次序上，伞护种是很有用的（Fleishman, Murphy, and Brussard 2000），灰熊（*Ursus arctos*）和美洲野牛（*Bison bison*）就是这样的例子。

---

4. 焦点种（Focal species）：这些物种的生存，需要一个可以满足特定区域内大多数物种需求的景观环境。这本质上是伞护种概念的扩展。当处理多物种管理时，专业人士根据各种威胁对物种进行分组，然后选择对每组威胁最敏感的物种作为焦点种。这一物种便定义了该种威胁的最高可接受级别（Lambeck 1997）。澳大利亚的冠鸲鹟（*Melanodryas cucullata*）就已被用作焦点物种（Freuden berger 1999）。

续表

---

5. 易危种（Vulnerable species）：有灭绝之虞的物种。当美国政府因一个物种的高级别灭绝威胁而将确认其易危性时，这种物种就被认为是受到威胁或濒危（Feinsinger 2001）。白头海雕（*Haliaeetus leucocephalus*）是易危物种的著名案例。

---

6. 关键种（Keystone species）：是对生态系统产生的影响远超过其丰富度的物种。它们往往与景观的过程和干扰紧密相关。例如美洲河狸（*Castor canadensis*），其对景观的工程改造效果是塑造生态系统不可或缺的一部分（Power et al. 1996）。

---

7. 经济价值种（Economically valuable species）：在当地的消费者中有需求或在商业市场具有价值的物种（Feinsinger 2001）。驯鹿（*Rangifer tarandus*）是这种类别的一个很好的例子。

---

8. 功能群（Species guild，或译同资源种团）：是使用类似方法获取特定资源的一类物种。其中一个例子是所有在树洞筑巢的鸟类（Croonquist and Brooks 1991），如美洲隼（*Falco sparverius*）、横斑林鸮（*Strix varia*）、毛啄木鸟（*Picoides villosus*）和东蓝鸲（*Sialia sialis*）。

指示种的选择过程至关重要，应该考虑采样技术和样本的大小、规模、环境压力以及物种作为一个更大物种群落的替代的适当性。里德·F. 诺斯（Reed Noss 1990）解释了在不同组织层次上选择指示种的必要性，并概括了在区域、生态系统、物种和基因层面上编目、观察、评估生物多样性的变量。指示种可能是积极的，被期望与生态的完整性或生物多样性正相关；或是消极的，它们的存在表明了一个健康状况退化的生态系统。大多数生态学家认为，一个单一的物种绝不应该被用来作为生物多样性规划的积极指标；而应该使用跨越多个空间尺度的多物种指示种。但是，在使用消极的指示种时，单个物种可能已经足够。例如，大肠杆菌（*Escberichia coli*）的存在表示水质较差，通常源于处理不当的人类排泄物。

目标种的使用通常是被动的，侧重于物种本身而非与该物种相互作用的生物群。目标种通常因为处在灭绝的危险之中而受到人们的关注。另一方面，指示种更具有主动性，因为它们被选择作为变化发生之前预示变化的"信号"。最后，生态系统的格局、过程或关系因生物多样性指示种而受到更多关注，因为"以物种为基础的保护方法被批评的理由是，它们不能为保育问题提供景观整体的解决方案"（Lambeck 1997，850）。

因为一个项目的设计可能取决于所使用的生物多样性战略的类型，风景园林师必须在任何规划或设计过程开始之前咨询生态学家。接下来，我们再将分析为什么风景园林师和规划师需要在规划设计实践中考虑生物多样性。

为什么生物多样性对风景园林师和规划师很重要

所有的社会都间接地或直接地依赖于生物多样性和生物资源。人类直接依赖于地球上生命的多样性作为空气来源（植物通过光合作用产生氧气）、燃料、纤维、药品和最重要的食物。我们也依赖于微生物和食腐动物来分解废物、回收营养物质，补充我们的土壤（Miller et al. 1985）。对生物多样性的价值进行评估是很难的，因为许多生物多样性的生态服务和功能如调节气候不具有明确的市场，并且难以量化。

通常情况下，与生物多样性有关的美学或道德价值观在生态或经济评估领域得不到明确承认（Organisation for Economic Cooperation and Development 2002）。今天，保护生物多样性的重要性的理由主要分为 3 大类：

1. 存在于地球上的有机体中的大量基因信息提供了对抗疾病和饥荒的缓冲，因为它们是生物技术发现的基石（如未来的食物和药品）。

2. 生态系统对地球提供服务（如过滤二氧化碳），我们还没能完全了解这些服务的总体范围和经济价值。

3. 人类有道德上的责任去保持地球上的生命平衡（Gibbs 2001）。埃伦费尔德（Ehrenfeld）的"诺亚法则"（Noah principle）使这一点更加简练："它们（物种）应该被保育，因为它们存在以及因为这种存在本身就是持续的历史过程的表现，这个历史过程是庞大而又古老威严的。长期在自然界的存在被认为是有绝对的权利继续存在的"（Beatley 1994，9）。

目前的生物多样性状态非常脆弱，深受土地使用决策的影响。了解生物多样性及其功能对风景园林师和规划师非常重要，因为本质上规划和设计经常会在无意中改变空间结构、生态格局以及与之相关的过程。例如，道路建设往往导致生境碎片化，水文过程被破坏，物种在道路上被碾压，致使污染物和人群进入之前不可达的地区（Forman et al. 2003）。此外，将生物多样性保护列为众多目标之一，可能有助于风景园林师和规划师获得更广泛的支持，并形成合作伙伴关系，以促进其工作，如水资源规划、农业和木材生产以及社会和文化的信仰（Forman 1995）。

人类对土地的利用和开发快速分割了适合作为生境的可用开放空间并减少其

数量。许多生物学家认为，生境破碎化是"对生物多样性最大的一项威胁"（Noss 1991，27）。随着人口增长，受文化景观而改变的土地数量也随之增加。一个典型的例子是：在过去的50年中，马萨诸塞州的人口增长了28%，而开发的土地面积增加了200%。事实上，为了发展，这个州每天失去44ac.（17.8hm²）的土地（Massachusetts Executive Office of Environmental Affairs 2001）。

在《曾经绿野：城市蔓延如何破坏美国的环境、经济和社会结构》（*Once There Were Greenfields: How Urban Sprawl is Undermining America's Environment. Economy and Social Fabric*）一书中，来自自然资源保护协会（Natural Resources Defense Council，缩写为NRDC）的F. 凯琳达·班菲德（F. Kaid Benfield）、马修·拉米（Matthew Raimi）和唐纳德·D. T. 陈（Donald D. T. Chen）（Benfield，Raimi，and Chen 1999），列举了以下的统计数字：从1995~2020年，马里兰州预计将出现比过去350年还要多的土地转变为住房用地。同样，1970~1990年间，芝加哥大都市地区的商业和工业用地增长了74%，是人口增长速度的18倍。即使在人口下降的地区也发生了这种土地消耗加速的现象：在过去的30年里，圣克里夫兰市（Cleveland）人口下降了11%，而城镇土地使用面积增加了33%。

科学家们试图在统计学上量化生境面积损失和物种损失之间的直接关系。如前文所述，种—面积关系理论断言，假如削减90%的生境面积将导致物种数量的减半。虽然这个数字在科学界受到了激烈的争论，但人们普遍认为，生境的破碎以及向城市和农业土地的转变通常会降低本地物种的生物多样性（Mac et al. 1998）。

生境的破坏不仅影响了物种的数量，还影响这些存活下来的物种的质量。物种受到的影响程度取决于它们生境的大小，以及它们的生境相对于被破坏的土地位置。普适种（generalist）和边缘种（edge species）能够在各种生境生存，相对于需要独特生境的特化种（specialist species），不太可能受到生境丧失和破碎化的影响。同样，所有的物种有一个生境最小面积值——为了使一个有生存能力的种群生存，一个特定的生境区域必须足够大。不同物种或群体有着不同的最小区域需求，因而不同物种受到生境的破碎化和丧失的影响各不相同（Forman 1995）。

具体来说，景观的破碎化影响生境的大小、形状和与其他适宜生境的距离。那些依赖于一个特定的生境大小或到其生境边缘的距离（或两者兼有）的生物体受到伴随着破碎化的"边缘"环境的增长的压力。这又直接或间接地影响物种多样性。这些影响包括捕食与被捕食的关系的转化、种子散布机制的改变、巢寄生。破碎化也影响非生物因素，如水文情况、矿质养分循环、辐射平衡、风的模式、干扰状况和土壤移动。这些反过来又会影响物种的迁移和生存。特别是在这些生境和周边地区生存的森林和物种（包括人类）会受到破碎化的负面影响。通常情况下，森林通过减少蒸发保护含水层、维护河流网络连接度、充当洪泛区，在保护水质量方面起着重要作用（Forman 1995）。

对于生物多样性，环境设计师和规划师需要意识到，生境的组成影响着依赖于不同土地覆盖类型的种群和群落。比如，自1950年代以来，某些新英格兰鸟类和哺乳动物种群的下降通常与正在成熟的幼龄林生境的灌木退化相关（Kittredge and O'Shea1999，34）。

物种组成受到风景园林师的行动和决定影响的第二个方面是风景园林中本地物种与外来物种的使用。将非原生物种引入一个地区会破坏当地的种群、群落、生态系统的结构和功能（Vitousek 1988；Drake et al. 1989）。某些外来生物入侵会影响本土物种，导致生境退化和潜在的单一化。一些最有害的外来入侵物种——如野葛（*Pueraria lobata*）、凤眼蓝（*Eichhornia crassipes*，又名水葫芦）和南蛇藤（*Celastrus orbiculatus*）是有意引入以解决农业或土壤管理问题的。其他入侵生物则是通过船舶的压舱水、军事车辆运输和鲜切花（Mac et al. 1998）等引入的。千屈菜（*Lythrum salicaria*）的蔓延是一个体现外来入侵植物影响的例子，这种植物借由船舱干燥的压舱物意外抵达美国，现在已遍布整个美国东北部河流洪泛区以及沿海和内陆的沼泽（Wilcove et al. 2000）。在美国，随着公众对异国情调的景观植物和动物的需求增加，许多上述生物已经不经意地被释放到野外开始破坏当地生态系统。

人类对土地的利用造成生境改变、消失和破碎化从而显著影响了生物多样性。例如，依据《濒危物种法》列出的联邦物种清单和自然遗产中央数据库（Natural Heritage Central Databases）列出的濒危物种，生境消失影响了美国90%的鸟类、94%的鱼类、87%的两栖动物、97%的爬行动物和89%的哺乳动物（Wilcove et al. 2000）。现在的目标应该是更深入地了解这种威胁，并确定如何减少其负面影响。

结 论

作为环境领域的领导者，风景园林师和规划师不能忽视生物多样性的重要性。他们必须认识到，生物多样性规划的要素是相互依存的，不能孤立地处理。例如，决定一种联结方式，可以增加特定动物物种的连接度，也可能增加了入侵植物扩散的连接度。通过了解这些联系，风景园林师和规划师便有可能保护和重建生物多样性。显然，在公共和私营部门工作的风景园林师和规划师可能对任何未受保护的景观的未来有很大的影响。他们必须检查自己在日常工作中是否能够很好地坚持可持续发展的首要任务。鉴于生物多样性的当前状态，呼吁重新评价伦理并且回归阿尔多·利奥波德（Aldo Leopold）提出的人类为子孙后代保护资源作为土地看护者的理念。

迄今为止，所有的伦理发展都依赖于一个简单的前提：个体是群体中相互依存的一员。他的本能促使他在群体中争夺自己的位置，但他的伦理也提示他去合作（也许是为了能更有竞争力）。土地伦理只是扩大了社区的界限，包括土壤、水、植物、动物或者说它们的统一体——土地（Leopold 1949，203–204）。

美国生物多样性组织和机构	表 1.4

美国环境保护署（U.S. Environmental Protection Agency，缩写为 U. S. EPA 或 EPA）
http://www.epa.gov/
美国环境保护署的任务是"保护人类健康和环境"。美国环境保护署的战略规划草案概括了"以综合性的手段及合作关系保护、维持或重建人民、社区和生态系统的健康"等 5 个目标。

美国鱼类和野生动物局（U.S. Fish and Wildlife Service，缩写为 U. S. FWS）
http://www.fws.gov/
美国鱼类和野生动物局的使命是："与人合作，为美国人民的持续利益而保育、保护和增加鱼类、野生生物及其生境"。美国鱼类和野生动物局已采用了一种由美国地质调查局（U.S.GS）生态系统单位和美国地质调查局确定的流域组织而成的生态系统管理方法。

国家生物信息基础设施（National Biological Information Infrastructure，缩写为 NBII）
http://www.nbii.gov/geographic/us/federal.html
国家生物信息基础设施是 1998 年设立于美国地质调查局内部的一项广泛的协作项目，目的是提供更多查阅美国生物资源数据及信息的途径。国家生物信息基础设施由一张具有 10 个节点（地区性的、主题性的、基础设施）的网络组成，这些节点起到"入口点"的作用以提供地理空间信息、软件、协议和参考数据。

美国地质调查局生物资源科（U.S. Geological Survey，Biological Resources Discipline，缩写为 BRD）
http://biology.usgs.gov/
美国地质调查局生物资源科的使命是"与人合作，提供合理管理及保育我们国家的生物资源所需的科学知识和技术"。美国地质调查局生物资源科管理着一系列的全国性活动，包括：环境状况及趋势的生物

续表

监测（BEST）；鸟类标记实验室（BBL）；国家隙地分析项目（GAP）；全球变化研究项目（Global Change Research Program）；地理空间技术项目（Geospatial Technology Program）；整合生物分类信息系统（ITIS）；北美土地利用史（LUHNA）；国家生物信息基础设施（NBII）（见上文）；全国水质评估项目（NAWQA）；北美繁殖鸟类调查（North American Breeding Bird Survey）；外来水生生物项目（Nonindigenous Aquatic Species Program）；国家公园动植物数据库（National Park Flora and National Park Fauna databases）；美国政府科学门户网站（Science.gov）；美国地理调查局——国家公园管理局植被测绘项目（U.S. GS-National Park Service Vegetation Mapping Program）。

美国地质调查局生物资源部国家湿地信息中心（Biological Resources Discipline, National Wetlands Information Center，缩写为 U.S. Geological Survey）
http://www.nwrc.usgs.gov/
国家湿地研究中心的使命是发展和传播为了解我们国家的湿地生态及其价值、管理和重建湿地生境及相关的植物和动物群落所需的科学信息。该中心通过同行评审期刊论文、数据库、综合报告、讲习班、学术会议、技术援助、培训以及信息或图书馆服务的体系提供湿地生境的信息。中心的研究包括广泛的湿地项目，以及对湿地中发现的各种各样的动植物物种和群落的生态研究。

美国农业部自然资源保育管理局[U.S. Department of Agriculture（缩写为USDA）Natural Resources Conservation Service（缩写为NRCS）]
http://www.nrcs.usda.gov/
自然资源保育管理局在帮助人民保育、维持及改善自然资源和环境合作工作中发挥领导作用。自然资源保育管理局提供关于土壤、水及其他自然资源保育的专业知识协助地方、州和联邦的机构以及私人的土地所有者。

非政府生物多样性机构

大自然保护协会（The Nature Conservancy，缩写为 TNC）
http://nature.org/
大自然保护协会的任务是：通过保护生物赖以生存的土地和水域来保存代表了地球生命多样性的植物、动物和自然群落。大自然保护协会与社区、企业和个人共同协作来保护全世界宝贵的土地和水域。

塞拉俱乐部（The Sierra Club）
http://www.sierraclub.org/
塞拉俱乐部的使命是：探索、欣赏和保护地球野生的地区，践行和促进地球的生态系统和资源的负责任地使用，教育和征募人类保护以及重建自然与人类环境的质量，以及使用一切合法手段实现这些目标。

世界资源研究所（The World Resources Institute，缩写为 WRI）
http://www.wri.org/
世界资源研究所的使命是："改变人类社会的生活方式，保护地球环境和承载力使之具有满足当前和未来几代人的需求和愿望的能力。因为人们先受到理念的启发，再汲取知识的力量，加深理解继而发生改变，世界资源研究所提供并帮助其他机构提出用于政策和体制变革的客观信息和实用建议，这将促进环境健康和社会公平的发展。"

国际生物多样性组织和公约	表 1.5

生物多样性的国际意识和关注的加强促使许多国际公约和组织得以建立，包括：

生物多样性公约（The Convention on Biological Diversity，缩写为 CBD）

http://www.biodiv.org/

生物多样性公约作为联合国环境规划署的一部分，于 1992 年在里约热内卢举行的地球峰会后成立，目的是支持"可持续发展"的综合战略。生物多样性公约建立了 3 个主要目标：保育生物多样性；可持续利用其成分；公平和公正地分享基因资源利用的收益。目前有 168 个国家签署了该协议，涵盖了所有的生态系统、物种和基因资源。

全球生物多样性战略（The Global Biodiversity Strategy）

http://biodiv.wri.org/globalbiodiversitystrategy-pub-2550.html

世界资源研究所、世界自然保护联盟和联合国环境规划署制定了一项全球性的生物多样性战略，出版了《全球生物多样性战略：保存、研究以及可持续和公平地使用地球上的生物财富的行动准则》（*The Global Biodiversity Strategy: Guidelines for Action to Save, Study, and Use Earth's Biotic Wealth Sustainably and Equitably*）（1992）。该项战略包括 85 项用于保育国家、国际和地方各层面的生物多样性行动的具体建议。它旨在表达个人、国家和组织在认识、管理和利用丰富的地球生物资源（过程中）的根本性变化。这项战略是对《生物多样性公约》的一个补充，为政府和非政府组织支持该公约应采取的行动提供一个框架。

世界自然保护联盟（The World Conservation Union，简称 IUCN）

http://www.iucn.org

世界自然保护联盟成立于 1948 年，汇集国家、政府机构和非政府组织并使之成为全球性的合作伙伴关系，包括全球 140 个国家的 980 余名成员。世界自然保护联盟的使命是："影响、鼓励和协助世界各地的群体保育自然的完整性和多样性，并确保自然资源的任何使用是公平的和生态上可持续的。"世界自然保护联盟的目标包括：保持生态系统的完整性和应对灭绝危机下生物多样性的大量损失。世界自然保护联盟的愿景是建立一个珍惜并保育大自然的公正的世界。该联盟已经帮助了许多国家起草了国家保育战略（National Conservation Strategies），并通过所指导的实地示范项目展现了相关知识的应用。

濒危野生生物种国际贸易公约（The Convention on International Trade in Endangered Species of Wild Fauna and Flora，简称 CITES）

http://www.cites.org/

濒危野生生物种国际贸易公约是一项为确保野生生物物种和标本的国际贸易不会威胁到它们的生存而商定的国际协议。濒危野生生物种国际贸易公约于 1963 年由世界自然保护联盟的成员在一次会议上起草，并在 1975 年正式生效。濒危野生生物种国际贸易公约具有法律约束力，在规定框架内每个参与国通过在国内独立立法遵从协议。濒危野生生物种国际贸易公约为超过 30 000 种动物和植物的提供保护，无论它们是作为活体标本、毛皮大衣还是或干草药来交易（都在保护范围内）。

续表

保护迁徙野生动物物种公约（The Convention on the Conservation of Migratory Species of Wild Animals，简称 CMS）

http://www.cms.int

保护迁徙野生动物物种公约（Bonn Convention，又称波恩公约）旨在保育陆地、海洋和鸟类的迁徙物种。已签署保护迁徙野生动物物种公约的国家通过为濒危迁徙物种提供严格保护、为迁徙物种的保育和管理缔结多边协定、开展合作研究活动来保护迁徙物种及其生境。保护迁徙野生动物物种公约重点关注了 107 个濒危物种的保育需求；与非迁徙物种相比，它们由于对多个生境和迁徙路线有要求而通常面临着更高濒危的风险。

国际湿地公约（The Convention on Wetlands；又称拉姆萨尔公约，Ramsar）

http://www.ramsar.org/

1971 年在伊朗拉姆萨尔签署的湿地公约是一项政府间条约，旨在为保护和合理利用具有国际意义的重要湿地而提供国家行动和国际合作的框架。该公约涵盖了湿地保育和利用的各个方面。它认识到湿地是对生物多样性保育和人类社会福祉极其重要的生态系统。目前共有 136 个国家成为公约缔约国，其中有 1 250 个拉姆萨尔湿地，面积共计 1.069 亿 hm^2。

世界遗产公约（The World Heritage Convention）

http://whc.unesco.org

1972 年在联合国教育、科学及文化组织（UNESCO）大会通过了保护世界文化和自然遗产公约（The Convention Concerning the Protection of the World Cultural and Natural Heritage，简称世界遗产公约）。迄今为止，已经有超过 170 个国家加入该公约。世界遗产公约的首要使命是认定和保育世界的文化和自然遗产，制定一份名录，囊括应为全人类保留其卓越价值的遗址，并通过国家间密切合作实施对它们的保护。

第二章
伍德兰公园动物园

奇奇	湿润着脸庞寻觅好友相伴
在那敞开的大门之外	双目自发隙间眺望风卷云舒
蜷缩着身影	瞧那洞中有何物
眼中波光粼粼	深不见底却又纹丝不动
依靠着溪水边的大树上	看那树上又是谁
鸟儿飞来又飞去	来牵我的手

格兰特·琼斯（Grant Jones）1979 年在伍德兰公园动物园为新来的
大猩猩"奇奇"（Kiki）首日展出描写的一首诗。

动物园在保育生物多样性中发挥着重要的作用，它不仅是动物的避难所或人工圈养地，更是一个提升人类对世界环境、物种的理解并促进人类与自身之外的生物建立情感连接的教育中心。当人们看到动物生活于精确再现的自然生境并在其中进行自然社会行为时，便开始尊重动物拥有的尊严的生存权，还可能会变得对保护野生动物生境更加有兴趣。相反，动物被关在混凝土笼子里，困于铁窗内与公众隔离开来，这只能为它们争取到很少的同情和谅解。正如戴维·汉考克斯（David Hancocks）在《一个不一样的自然》（*A Different Nature*）（2001，160）中主张："动物园能够而且必须成为通向野外的大门，无论是隐喻的抑或是实际的。"风景园林师可以在美国和世界各地的动物园的未来发展中发挥重要作用，通过召集跨学科的团队，并统筹各种必要的科学研究，来建造成功的以生物为中心的动物园。（图 2.1 和图 2.2）

图 2.1 低地大猩猩（*Lowland gorilla*）在伍德兰公园动物园的一个展览区内爬树。
资料来源：Jones & Jones, Architects and Landscape Architects, Ltd.

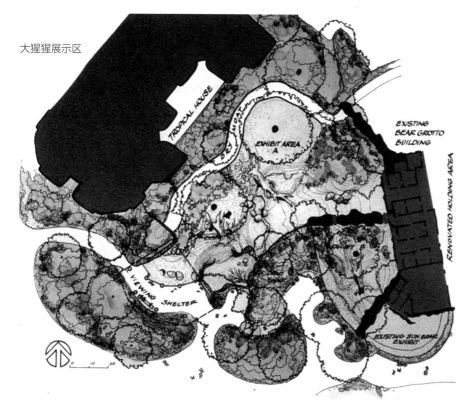

图 2.2 伍德兰公园动物园中的低地大猩猩展示区再设计是一个以生态为中心设计的动物园的优良案例。
资料来源：Jones & Jones, Architects and Landscape Architects, Ltd.

大猩猩展示区

图2.3 经过两百多年的时间，从博物馆式的自然历史中心到自然资源中心，动物园的目标已经发生很大的演化。

资料来源：World Zoo Organization 1993。

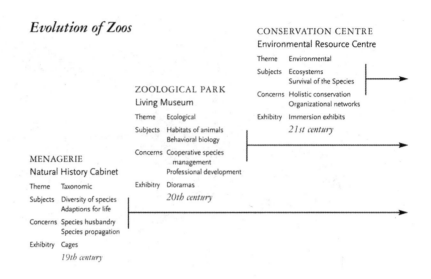

自200年前首个对公众开放的动物园创建以来，动物园已经有了显著的发展（图2.3）。尽管它们目前是动物保育中心，但仍有很多动物园是以人类为中心而设计的，并不是以生物为中心而设计的。位于华盛顿州西雅图的琼斯 & 琼斯建筑师事务所和风景园林师有限公司成功地在西雅图伍德兰公园动物园的设计中实现了以生物为中的根本性转变。"景观沉浸"（landscape immersion）是格兰特·琼斯创造的术语，他们依据该理念，成为第一批把动物形容为客户的动物园设计师（Jones 1982）。

项目资料

伍德兰公园动物园远景规划在1976年由琼斯 & 琼斯建筑师事务所和风景园林师有限公司完成。动物园位于美国华盛顿州西雅图市的西北部，占地90ac.（36.4hm^2），东部以奥罗拉大道（Aurora Avenue）为界，西接菲尼大道（Phinney Avenue），北部和南部是住宅社区（图2.4）。在1968年，"向前推进政府公债"（Forward Thrust Bond Issue）预留出450万美元专用于一个基于总体规划的动物园改造。因为当时尚无这样的总体规划，一个名为市长动物园特别行动工作组（Mayor's Zoo Action Task Force）的咨询委员会应运而生，制定了远景规划，作为对1975年提出的目标的回应。在1976年远景规划完成并获得批准的时候，包含在规划中的实际项目（如独立展览区）已经被资助分阶段完成。在"向前推进政府公债"提供更多资金之后，慈善事业的支持帮助完成了许多其他的改造项目。

　　景观沉浸强调，动物园里的动物应该在它们原有的自然环境（或最相似的环境）中被展示，这种自然环境应该拓展至观察区，让参观者身处其中并体验环境，而不是仅仅在外面观察。格兰特·琼斯创造的另一个术语——文化共鸣（cultural resonance），它超越了景观沉浸，包含了人类和动物在自然环境中相互依赖的关系。比如，东南亚的建筑、宗教与文化是和人们与大象的经历紧密连接在一起的。森林地动物园设计者使用的多用途、跨学科的设计框架（图2.5）显示出了对远景规划的特定影响。

图2.4　伍德兰公园动物园位于华盛顿州西雅图市的一个居民区内。
资料来源：Jones & Jones, Architects and Landscape Architects, Ltd.

图2.5　用以推进伍德兰公园动物园远景规划的设计框架显示了琼斯＆琼斯建筑师事务所和风景园林师有限公司设计的"向心过程"（centripetal process）。这一过程综合了以下步骤：清单分析（inventory analysis）、替代方案生成和概念选择。
资料来源：Jones & Jones, Architects and Landscape Architects, Ltd.

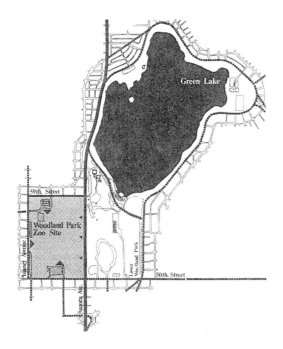

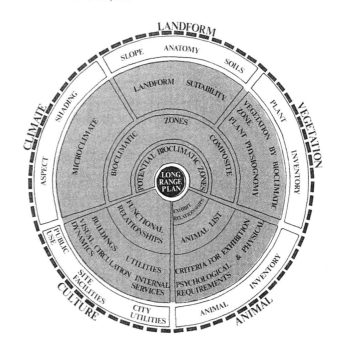

项目参与者

西雅图市确定的远景规划回应了"向前推进政府公债"于 1975 年在一个早期失败项目后的要求，之前由建筑师 G. R. 巴索利克（G. R. Bartholic k）开发的规划由于其巨大的规模以及与邻近街区的不兼容性，被一个公共动议拒绝。琼斯 & 琼斯建筑师事务所和风景园林师有限公司的许多风景园林师和建筑师都密切参与了总体规划的制定，包括格兰特·R. 琼斯（Grant R. Jones，项目负责人）、乔恩·查尔斯·科（Jon Charles Coe）、杰布·琼斯（Johnpaul Jones）、彼得·哈佛（Peter Harvard）、约翰·阿迪（John Ady）、戴维·沃尔特斯（David Walters）、约翰·斯瓦森（John Swanson）、埃里克·施密特（Eric Schmidt）和基思·拉森（Keith Larson）。该公司的合伙人吉姆·布赖顿（Jim Brighton）指出，风景园林师花费了 95% 的项目时间进行跨学科团队的领导和协调。他说，风景园林师需要凝聚理念，并赋予物质形态。琼斯 & 琼斯建筑师事务所和风景园林师有限公司被选定主持这个项目，是因为他们用"开创性的方法领略景观从而确定自然的过程和形式"（Hancocks 2001，113），以及他们承诺在设计中"自然至上"。他们因伍德兰公园动物园远景规划项目进一步提升了声誉，该项目运用景观沉浸和文化共鸣的理念保障游客充分体验到被参观动物的自然生境（Jones & Jones 1976）。

顾问也是这个团队必不可少的组成部分，成员包括生物学家丹尼斯·保尔森（Dennis Paulson）、土木工程师唐纳德·霍根（Donald Hogan）和地质学家菲利普·奥斯本（Phillip Osborn）。当时伍德兰公园动物园的临时主管是詹姆斯·福斯（James Foster）。"原生态动物园"专家大卫·汉考克斯最初担任设计协调者，确定展示和展览的主题，后来成为伍德兰公园动物园的主管。原为建筑师的汉考克斯之前曾咨询伊恩·麦克哈格（Ian McHarg）关于伊朗的帕尔迪桑（Pardisan）动物园项目之事（见下文）。汉考克斯是通过琼斯 & 琼斯建筑师事务所和风景园林师有限公司参与到伍德兰公园动物园项目中来的，他力求通过理解这些景观，确定以植物的生物气候学特征来组织动物园的可行性。丹尼斯·保尔森将此成就形容为没有预先定义角色的"跨学科合作"。此外，向前推进发展委员会（Forward Thrust Development Committee）、西雅图设计委员会（Seattle Design Commission）的成员及许多学者和博物学家为推进规划提出了意见。社区和公众参与是以"向前推进发展委员会"这一组织形式进行的，该委员会充当"问责和表达持续关切"的媒介（Jones & Jones 1976，1）。

项目愿景与目标

这个项目的愿景是由动物园特别行动工作组（Zoo Action Task Force）提出的："伍德兰公园动物园应该是一个展示动物生命的行为、身体适应性以及价值和美感的生命科学研究所（Life Science Institute）。因此，项目的主要重点应放在促进公众了解动物生命及其与生态系统的关系上"（Jones & Jones 1976，1）。

正像远景规划所描述的那样，动物园和自然史博物馆不同，它有着活生生的动物。因此，给予动物表现自然行为的一切所需的机会变得重要，这也将使动物和游客受益（Jones & Jones 1976，4）。为了实现这一目标，大卫·汉考克斯通过选择具有更大自然种群规模的少数动物物种，如一群大猩猩（图2.6和图2.7）或一群羚羊，拓展了社会生物学主题的展示。这种方式允许游客多维度观察动物，而不仅仅是它们的形态特征，并试图鼓励人们思考自身作为群居物种的属性。动物园的另一个意图是为游客提供一个"完整的环境体验"。为此，以生物气候区为主题的展示区摒弃了传统动物园的设计，它为动物创造了园内小气候，复制了自然气候条件，而不是将动物园生硬地分割成不同的大洲或动物地理区（Jones & Jones 1976）。

图 2.6　伍德兰公园动物园展示区中的低地大猩猩社群。
资料来源：Jones & Jones, Architects and Landscape Architects, Ltd.

图 2.7　伍德兰公园动物园中的低地大猩猩。
资料来源：Jones & Jones, Architects and Landscape Architects, Ltd.

像伍德兰公园动物园一样，同时期由华莱士—麦克哈—罗伯茨—托德公司
（Wallace McHarg Roberts and Todd，WMRT）设计的帕尔迪桑（Pardisan）动物园，在
伊朗首都德黑兰 1 000ac.（400hm²）的沙漠中提供一个基于生态的动物园环境和游客
体验（图2.8）。Pardisan 这个名字来自古波斯文 *pardis*，它的意思是能享受到"地球所
能提供的一切美好事物"的皇家花园，并衍生出英文单词 paradise（天堂）（Mandala

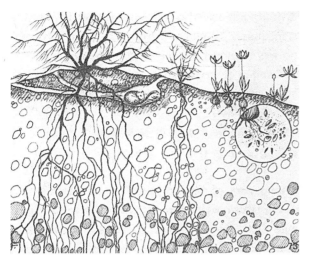

Collaborative/Wallace McHarg Roberts and Todd 1975）。华莱士—麦克哈—罗伯茨—托德公司计划在帕尔迪桑建立一个创新的动物园，拥有前所未有的规模及物种多样性。在那里，比较分析了适应世界不同地区的进化型，以识别出在伊朗发现的类似物种（图2.9 和图 2.10）（McHarg 1996，294）。琼斯 & 琼斯建筑师事务所和风景园林师有限公司与华莱士—麦克哈—罗伯茨— 托德公司合作设计了这个动物园，并且在物种名单和展示场景方面作出了贡献，正是帕尔迪桑动物园项目启发了琼斯 & 琼斯建筑师事务所和风景园林师有限公司在伍德兰公园动物园运用的方法。不幸的是，因为伊朗革命引起的激进的社会和政治变革导致有远见的帕尔迪桑动物园项目没有建成。

琼斯 & 琼斯建筑师事务所和风景园林师有限公司在伍德兰公园动物园运用的方法标志着动物园设计的进步，之前的设计是动物被展示在与它们的自然生境完全不同的环境中，甚至更糟的是，被困在混凝土笼子里用金属条和游客隔离开来。通常情况下，将社会性的动物单独监禁展示会导致动物出现违背自然的行为。在这些情况下，动物不仅被剥夺了应有的尊严，而且时常失去获得动物园游客同情的机会，游客可能会对动物产生负面的判断，如认为它们是肮脏或有攻击性的（图 2.11）。此外，大多数动物园大量展出不成比例的哺乳动物种和外来物种，传播了关于动物（种群）的假象。相比之下，伍德兰公园动物园的展示包括了对地域具有重要意义的动物，向游客介绍紧邻身边以及远离太平洋西北部的生物世界（Hancocks 2001）。

图 2.9 动植物对伊朗高原沙漠的适应。
资料来源：Mandala Collaborative/Wallace McHarg Roberts and Todd 1975；科林·富兰克林（Colin Franklin）绘图。

图 2.10 水窖是人类对伊朗高原沙漠的适应产物。
资料来源：Mandala Collaborative/Wallace McHarg Roberts and Todd 1975；科林·富兰克林绘图。

图 2.11　伍德兰公园动物园里以前被关在棚舍中的大猩猩。这种非人性、过时的展示方式已经被景观沉浸的理念替代，动物得以社会群体的形式在原生生境中被展示。
资料来源: Jones & Jones, Architects and Landscape Architects, Ltd.

　　动物园有几个主要用途：游憩、教育、研究和保育（Jones，1982）。1993年，世界动物园组织（World Zoo Organization）公布了世界动物园保育策略（World Zoo Conservation Strategy）。该策略指出，无论是直接（通过圈养繁殖）或间接（通过游客的保护意识）的方式，动物园和水族馆的最大用途是为保育运动作出贡献。此外，如上文所述，需要更加注重本地或区域性的物种，因为土地使用不当会导致全国越来越多的本地生境遭到破坏。格兰特·琼斯说，动物园对社会的真正贡献（和存在的理由）是它提高公众对环境议题的意识与关注。同样地，汉考克斯写道："如今对动物园的需求是非常不一样的，去动物园看熊猫和老虎已不再是动物园存在的理由。"（Hancocks 2001，160）

　　伍德兰公园动物园的首要任务显然是保证动物的舒适度并对其保护，以及增加游客对动物及他们野生远亲的同情心。景观沉浸可以加强情感和认知的学习（Berlein 2002）。格兰特·琼斯解释了琼斯&琼斯建筑师事务所和风景园林师有限公司是如何试图重现人们处于荒野时的感受：作为不速之客的体验，以及身处极大世界中的渺小感。伍德兰公园动物园的设计使游客成为"动物领地"中的客人，观察动物自由自在的活动和互动。

公私伙伴关系和合作

虽然部分公众是向前推进发展委员会的成员，但这个项目过去主要是由机构投资，并没有让公民参与制定远景规划。然而，如今市民们参与审查这个远景规划，并为动物园努力筹款（Berlein 2002）。

生物多样性数据议题和规划策略

对于保护和保育生物多样性，动物园可以采取一系列的方式。比较直接的方式是，它们可以通过与其他动物园建立繁殖网络，或者通过人工配种以及超低温保存，开展圈养繁殖；动物园尽管在保存物种方面发挥的作用有限，但是充当着基因库的角色。世界动物园组织表示，只有当这样的方式有利于物种的长期生存，动物才应该从野外迁走；由此，给予濒危物种生存空间并参与到繁殖网络中尤为重要。

动物园也可以通过教育游客并鼓励未来的环保行动间接地保护生物多样性，如为一个保护特定的生境或生态系统的组织作出贡献。当动物园的设计能在游客之中唤起同情心时，这样的目的最容易达到。正如大卫·汉考克斯在《一个不一样的自然》（A Different Nature）中描述到，在参观完动物被关在铁窗内的传统动物园之后，受访者对动物就只有肮脏和攻击性的负面评价。然而，在参观完基于景观沉浸理念设计的动物园之后，受访者对动物的评价却是美丽、强壮和有趣。后者还表示，他们参观完动物之后会更愿意对环保事业作出贡献。格兰特·琼斯（Grant Jones 1982）指出，至关重要的是，动物园设计师不要疏离公众（的游园参与），应当让他们感受到动物最好是游于荒野，而不是囿于樊笼。他在美国动物园和水族馆协会1982年学术年会论文集（American Association of Zoological Parks and Aquariums 1982 annual conference proceedings）发表的文章提供了一份关于设计一个成功的以生物为中心的动物园16个关键"该做与不该做"的列表（表2.1）。

该做与不该做的动物园设计	表 2.1

观众不应该俯视动物。相反，动物应该出现在视线水平或以上的地方。

动物不应该被观众所包围，因为这不利于体现"当在野外相遇时显现的尊严。"相反，应提供彼此互相隐蔽的小型眺望点。

动物间的距离保持在所允许的最接近自然的惊飞距离（flight distance）的范围内。在展出范围内提供"可选择的位置"，让动物可以选择它们想去的地方。

不要让社会性的动物被单独禁闭或局限于太小的群体。自然的行为只会显现于自然状态的群体中。

不要展示毁容或变形的动物，但要为它们提供好的非展示设施。

不要一起展示人造之物和动物，这会促进以人类为中心的态度。

不要让道具"大出风头。"相反，要尽可能忠实地再现自然生境，不要夸张或扭曲。

只在绝对必要时使用可见的屏障，不要让人们知道是什么围护着动物。

不要让人类进入彼此的视线。再重申一次，让眺望点间彼此没有视线联系。（"没有什么比人类更吸引人类的注意力。"）

将观览区设置在次要路径上，不要让主要路径分散人或动物的注意力。

不要让整个展览区能够从一个俯瞰点饱览全貌。

展览区应再现动物生活的自然环境。

不要把人放置在人工环境中，而动物放置在自然环境中。相反，应该通过把自然环境延伸到人工环境之中，令参观者沉浸在其间。

不要将来自不同生境的动物同时展示在一个自然生境环境中。

不要将来自明显不同生境的动物毗邻展示。相反，应该把它们放置在由过渡或交错生态区组合形成的复合生境中。

协调展览中的所有元素创建一个完整的整体。

格兰特·琼斯为设计以生物为中心的动物园提供的建议：改编自 the American Association of Zoological Parks and Aquariums annual conference proceeding, 1982.

　　正如上面所提到的，伍德兰公园动物园的展览主题是社会生物学。为了遵循这个主题，动物园试图展示具有自然规模的社会动物群体。也许人们所能看到的动物种类会比在传统动物园的少，但是这些被选择的物种有着更大数量的个体，它们可以彼此互动，就像在野外那样（Jones & Jones 1976）。该项目的生物学家顾问丹尼斯·保尔森指出，动物园的理念是为了显示从大型到小型哺乳动物和鸟类的生物多样性的"精彩切片"（wonderful slice）（Paulson 2002）。不像传统的动物园，伍德兰公园不仅关注魅力十足的巨型动物，也不会忘记对动物生境有贡献的植物。事实上，选择最能体现气候区的植物的工作先于选择被展示的动物物种展开。

作为展览依据的生物气候学的概念，是基于"动物通常都因气候与植被之间的因果关系而被限制在世界的特定区域"的理念（Jones & Jones 1976, 8）。这些生境出现在世界各地，而且往往在不止一个大陆上出现。生境依据 3 个相互作用且相互依存的因素进行分类，这 3 个因素是：温度、降水和蒸散（图 2.12）。世界上任何一个生境都可以依据这 3 个参数进行分类，并且可以用该生物区出现的植物来表征，例如沙漠或温带雨林（图 2.13）。

伍德兰公园动物园内的生物气候区主要是通过使用霍尔德里奇系统（Holdridge system）确定的。尽管在将它简化应用到动物园之前，丹尼斯·保尔森还加入了其他系统的一些要素。这种方法如图 2.14 所示。当把西雅图放置在的霍尔德里奇系统三角形中，可以发现它位于三角形的中心附近，这使得种类繁多的植物能够在这里生存（Jones & Jones 1976）。通过将地区小气候与全球生物气候区进行匹配，动物园设计师能够进行很少或不需要改动便能创造出展览区，如那些在温带雨林区发现的生物。该方法也允许动物园将一些注意力集中在当地的生境和物种上。其他展览区只需要适度修改就可以体现天然的生物气候区［如在低地大猩猩（lowland gorilla）展区的岩石中放入热线圈，或最大限度地排水模拟沙漠生境］。

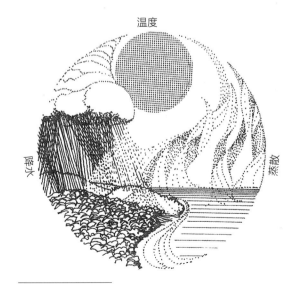

温度

降水

蒸散

图 2.12 世界上的所有生境或生物气候区都可以通过温度、降水[1] 和蒸散的互相作用而划分。
资料来源：Jones & Jones, Architects and Landscpe Architects. Ltd.

---

[1] 英文版原文是 climate，经作者确认，应为 precipitation，即"降水"。——译者注

图 2.13 世界生物气候区地图。
资料来源：Jones & Jones, Architects and Landscpe Architects. Ltd.

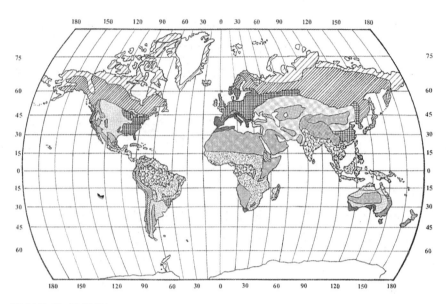

世界生物气候区

西伯利亚稀树草原	热带稀树草原	温带雨林	热带雨林
荒漠	苔原	温带落叶林	
灌丛	北方针叶林	高山林	

图 2.14 该三角形展示了与生物气候区相结合的霍尔德里奇系统，这些生物气候区被选择在伍德兰公园动物园中重现。西雅图位于三角形的中心，有利于很多种类的植物在很少或没有改动的自然景观中存活。
资料来源：Jones & Jones, Architects and Landscpe Architects. Ltd.

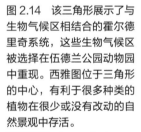

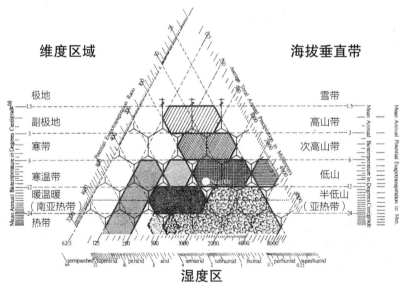

确立生物气候区和选择相应的植被之后，接着是挑选动物物种。生态学家保尔森在提交给动物园的报告中（Paulso n.d.），列出了5个选择动物物种应考虑的标准。这些标准如下（不按重要性顺序排列）：

- 教育——4个特别重要的因素：社会行为、演化适应（evolutionary adaptations）、趋同演化和平行演化（convergent and parallel evolution）、适应性辐射（adaptive radiation）
- 兴趣——与（上述）"教育"（的各个方面）相似，兼及（选择）展示社会物种的依据
- 展现——多样性
- 研究——在动物园环境中，一些具有隐秘习性的物种可以更有效地被研究
- 保育——稀有或濒危物种

如前所述，琼斯 & 琼斯建筑师事务所和风景园林师有限公司基于景观沉浸理念的伍德兰公园动物园设计在远景规划中的描述（Jones & Jones 1976，44）如下：

在理想的情况下，参观者应该在体现生物气候区特色的景观中游览，观赏风景，感受氛围。只有这样，我们才会意识到动物也居住在其中，只是被看不见的屏障隔开。景观沉浸的成功完全取决于两个因素：1）该特色景观呈现的完整性；2）观景点的选址和布局的谨慎和准确性，即能够隐藏屏障、增强视角、组合光影，而最重要的是，从视觉上统一动物空间和视觉空间。

这样做，就不会存在动物与游客分离开的感觉。实现隐蔽屏障和其他方面的景观沉浸的具体例子如图2.17所示。这个落实到物质形态的理念，真正地使伍德兰公园动物园脱离了传统的以人类为中心的设计方法。琼斯 & 琼斯建筑师事务所和风景园林师有限公司团队的成员乔恩·查尔斯·科（Jon Charles Coe）指出，景观沉浸首先吸引着游客的情感，其次才是他们的理性（Hancocks 2001）。对行人流线、游憩区位置和生物气候序列的仔细处理，都有助于促成景观沉浸的效果。各种区域位于动物园内，因此自然生态系统的过渡很容易被观察到。例如，草原展区的位置就在落叶阔叶林和针叶林的旁边。这种对逐步过渡的处理进一步让游客沉浸在所展示物种生活的自然环境之中（图2.15）。

图 2.15 两个在伍德兰公园动物园远景规划中提出的展览指引的例子展示了景观沉浸的原则。
资料来源：Jones & Jones, Architects and Landscape Architects. Ltd.

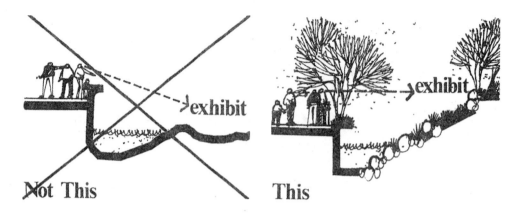

在动物园中保育生物多样性似乎同时依赖于物种的选择以及如何向公众展示它们。首要的是，必须保持动物的舒适以及表现自然行为的能力。只有在这样的基础上，通过景观沉浸和随之顺理成章的文化共鸣，游客才可以真正地接受在野外生活而并非被铁窗禁锢着的动物（图 2.16）。文化共鸣的理念可以进一步向游客展示动物与人类是能够并且确实是共同生存的。格兰特·琼斯是这样描述这个理念的："我们相信，通过景观沉浸与文化共鸣理念的结合，我们使游客在内心深处感悟，在相互关联的感知中获得收益……真切地感受我们作为人对于这个星球的依赖"（Jones 1989，412）。

一个运用文化共鸣的例子是在伍德兰公园动物园的亚洲象展区。在这里，显示人类和大象关系的人工制品被包含在展览中，表明了泰国人对当地大象的依赖。这个展览蜿蜒穿过树木繁茂的山坡，最终到达"荣昌"（Rong Chang）或者又叫大象之家。

正如动物园的导览手册所示，展览希望展示大象的众多"面孔"：（1）生活在野外的大象；（2）作为泰国的一种工作动物的大象；（3）泰国的宗教文化中的大象（Jones 1984，411）。有一个简单的教训：如果大象的生境丧失，那么大象也将消失——那么，扎根在这一景观中的文化便也消失了。有了这个认识，动物园的游客可以更深入地了解到动物对人类的生存所发挥的内在作用。风景园林师可以通过设置游客们关心的生态系统的生态和文化的历史的展览来促成对他们同情心的教育。

图 2.16 伍德兰公园动物园的远景规划实现了园区支持广泛分布的全球生物气候类型的潜能，这些气候类型能够在适当的生境中支持多种动物的展示。

资料来源：Jones & Jones,Architects and Landscape Architects ,Ltd.

图 2.17 琼斯＆琼斯建筑师事务所和风景园林师有限公司设计了 8 个观赏类型供伍德兰公园动物园的所有展区使用。开放的界面和部分隐蔽的界面如左侧平面图和剖面图所示。网笼、庇护所、动物日常生活的构筑物、可观察网笼的掩蔽处的类型如右侧所示。

资料来源：Jones & Jones, Architects and Landscape Architects ,Ltd.

项目后评价

伍德兰公园动物园总体规划每 4～5 年更新一次。大部分监测在项目出现风险或问题发生时启动，如当动物逃脱或大量植物无法繁殖时。丹尼斯·保尔森解释说，虽然监测是动物园的责任，但通常没有完成。格兰特·琼斯指出，动物园监测往往过于简单，从而可能产生错误的结论。例如，如果一棵树在一个展览中枯萎，工作人员会觉得最好不要去更换它。然而正确的做法可能是种植更多的树木去建立一个更有利于满足树木需要的微气候。

所有受访者均表示，对动物园来说，愿意承担风险和超越传统的、保守的设计对于真正成功地为居住其中的动物提供优质生境是非常重要的。监测必须同时针对动物与人类的反应。一个动物园的成功已经在传统意义上被定义为首先要维护方便，其次是游客欣赏，最后才是动物的舒适。然而在新的思维定式里，这个顺序被逆转。创造和维护展览以满足动物的需求和使参观者沉浸其中并非易事。但是，也只有这样，动物园才能切实履行保护所收养的物种的责任。

动物园是生物多样性保护中的一个新领域，尽管它们在这一努力中的主要作用往往是间接的。正如大卫·汉考克斯（David Hancocks 2001，177）解释的那样：

现在正是动物园重新审视它的基本理念的时候了，人们不再会为了去看骆驼或豹子而去参观动物园，更多的是为了更好地了解自然界的动态系统和生态系统内部的相互关联，尤其是如何帮助保育地球上的生物多样性。动物园必须让生物多样性这一概念不只是被参观者理解，更要精彩地呈现给他们。它不仅必须被视为引人入胜的，而且对人们的持续健康和福祉绝对至关重要。

在未来的发展中，动物园作为一个独特的生物多样性规划应用领域，风景园林师和规划师能够发挥着不可或缺的作用。动物园别出心裁的设计，成功地使参观者沉浸于被观察的动物的环境中，提高了公众对一系列环境议题的意识，包括生物多样性及生境的保护。因此，虽然动物园的规模可能相对较小，但是它对生物多样性有着深远的影响。必须指出的是，自 1976 年伍德兰公园动物园被设计以来，许多动物园尝试运用了景观沉浸的技术（Clay 1980），但是它们只模仿过程却没有理解意图，这是具一定危险性的。

　　景观沉浸不是简单的自然式造景。尽管如此，普遍有用的基本原则可能还是存在的，那就是动物园设计应该聚焦于具体的场地和将生活在那里的动物。正如琼斯 & 琼斯建筑师事务所和风景园林师有限公司所说，动物就是客户，这样的态度可以帮助设计师避免使用传统的解决方案。在这个设计以及其他许多设计中，风景园林师在整合多种科学与文化信息上发挥着重要的作用。

第三章
戴文斯联邦医药中心综合体：雨洪项目

生物多样性规划需要协调保守、外向和机会主义的保存策略。在全球城市化进程中，大量的山地和湿地的生境都遭到了破坏。有一些人对我们现在所遭受到的损失感到沮丧，摆出保守的姿态并且拒绝任何形式的变化。然而，另有一些人看到了把重建生境纳入发展进程的潜在机遇。美国马萨诸塞州的戴文斯项目就属于后者。这个案例证明了生物多样性改善和湿地创建能够与发展项目相互关联，以此获得公众支持、促进项目的审批并为生物多样性带来净收益。

在 1980 年代，美国政府开始在全国范围内关闭大型的军事基地，其中包括了位于马萨诸塞州艾尔镇（Ayer）的戴文斯堡（Fort Devens）。像美国其他面临着基地关闭的社区一样，当地的居民、商人和地区政治人物都担心因基地关闭带来的经济困难（White House 1999；Washington Transcript Service 1998）。联邦政府的戴文斯场地重新利用规划具有多样性并承诺带来 3 500 个工作岗位。该规划将兴建一所联邦综合监狱、区域医疗设施、陆军就业培训项目、企业科技园和无家可归者救济项目。营地的部分区域被指定捐赠给邻近的奥斯保国家野生动物保护区（Oxbow National Wildlife Refuge）。

最初，戴文斯堡的重建过程障碍重重。美国环境保护署将这个营地列入有毒废物堆场污染清除基金清单（Superfund site），并且在这个前陆军基地上开始调查 54 个已知的和潜在的被污染的危险地点。按照之前军事基地关闭困难的案例推测，反对者估计场地过渡时间应为 20 ~ 30 年。另外，由于场地跨越 3 个社区，每一个关于戴文斯改造的计划都要在社区政治中耗费大量的时间，特殊的法令和土地使用分区管制的改变要求这些计划需要 3 个相邻社区的批准，而每一个社区对于戴文斯的改造抱有不同的期待。根据刊登在 1994 年 12 月 9 号的《波士顿环球报》（*Boston Global*）上的一篇文章，一些来自雪莉镇（Shirley）和艾尔镇的工薪阶层希望（改造计划）能带来工作岗位的同时不增加税收负担，而一些哈佛镇（Harvard）较为富裕的居民则更加关心环境的问题。

1993年10月2日，美联社在《波士顿环球报》上的一篇报道中报道了国会如何批准了7 460万美元经费的预算，用于资助在这个面积为240ac.（约97.1hm²）的场地上的修建联邦监狱医疗综合体，该项目成为在前军营场地上第一个开始实施的项目。然而，在任何工作开始前，这个项目需要得到州长、军方、周边社区和联邦监狱局（Federal Bureau of Prison）的批准。来自波士顿的风景园林公司卡罗尔·R.约翰逊及合伙人事务所（Carol R. Johnson and Associates，简称CRJA）为联邦监狱医疗综合体提供了一个创新的雨洪消减设计，确定了整个场地的再发展的基调，对于整个项目获得审批通过起到了巨大的作用。

项目资料

项目的选址位于马萨诸塞州波士顿市西面35英里处的原戴文斯堡军营场地上，邻近艾尔、雪莉和哈佛三个城镇。戴文斯雨洪项目是根据审批准程序（即新建硬质场地雨水排放要求）和一份关于联邦监狱医疗设施的环境影响报告产生的。卡罗尔·R.约翰逊及合伙人事务所在1994~1995年间负责这个项目的风景园林工作，并且在1995~1997年间监督项目的施工建设过程（Carol R. Johnson Associates 2002）。戴文斯军营场地的改造项目成为一个公众的关注和愿望与政府规划相结合的军事基地再发展的新模式。

卡罗尔·R.约翰逊及合伙人事务所从评估场地的自然历史状况开始他们的工作。通过查阅历史照片，他们发现场地上一条由地下泉眼提供水源的溪流在以前的规模比现在的要大得多。进一步的调查发现，陆军在1960年代的场地上建设的一个高尔夫球场严重改变并涵洞化原有的溪流廊道而且明显地减少了溪流的流量。正是因为这些改变，使溪流不能为该项目疏导暴雨洪水提供足够的调蓄库容。它已经被改变成一条水渠，严重淤塞的同时还要接受来自场地内外的未经处理的地表排水。卡罗尔·R.约翰逊及合伙人事务所计划将溪流改变成一系列的池塘，这不仅仅为拟建设工程的雨洪提供更大的蓄洪量，还能作为一个未受干扰的系统在雨洪排入附近的镜湖（Mirror

Lake）之前（图 3.1）过滤径流和净化雨水。另外，这些池塘还被设计为鱼类和其他野生动物繁育和觅食的生境（Carol R. Johnson Ecological Services 1995）。

　　获得许可之后，这个项目开始分阶段施工。第一阶段的工作是改变溪流的渠道化状态，并将其重新引流至停车场的北边。在下一个阶段中，溪流的河床被改造成一个拥有 3 个相连水池的池塘系统，由地表径流和一处地下泉水提供水源。第一个水池用于沉降，第二个水池用于过滤，而第三个水池拥有一个徐缓的曝气小瀑布，是一个深深的冷水池，拥有一个鱼类和两栖类动物产卵的搁板以及一个精心修筑并利用现有树木围护的小岛（图 3.2 和图 3.3）（Carol R. Johnson Associates 2002）。

图 3.1　卡罗尔·R. 约翰逊及合伙人事务所设计的水塘系统（左侧）处理来自联邦监狱中心以及右侧的停车场的地表径流。

资料来源：A Jerry Howard Photo, courtesy of Carol R. Johnson Associates, Inc. 2002

图 3.2　戴文斯联邦医药中心的平面图。

资料来源: Carol R. Johnson Associates，Inc. 2002

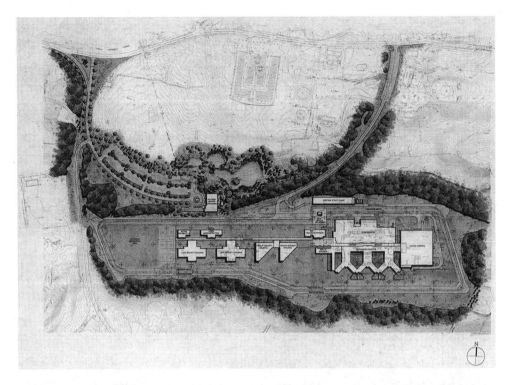

图 3.3　深水塘为野生动物提供生境。

资料来源: A Jerry Howard Photo，courtesy of Carol R. Johnson Associates，Inc. 2002

在第三个水池下游的围堰和护堤的帮助下，这个系统的设计抵御十年一遇的暴雨灾害（Carol R. Johnson Ecological Services 1995；Carol R. Johnson Associates 2002）。施工期间，"贝斯特曼绿化系统"（Bestmann Green Systems™，简称 BGS）的椰子纤维垫和椰壳纤维网连同其他的湿地植物被放置在 3 个池塘的岸边（图 3.4 和图 3.5）。这个生物固坡措施能防止施工期间发生的侵蚀现象并且有助于在水边形成持久的本地湿地植物和野生动物生境。

该工程消除了场地西部的湿地，为停车场和建筑腾出空间，东部场地则被挖掘用于溪流的引流和池塘的建设。当工程完成之后，地表水体面积将会增加近 15 倍，从 1 379ft²（128m²）增加到了 20 104ft²（1 867m²），同时该项目还增加了 11 310ft²（1 050m²）的被植被覆盖的湿地（Carol R. Johnson Ecological Services 1995）。此外，风景园林师还通过移栽或者绕开现状树木的方式尽可能多地保留了场地上的成年树木（图 3.6）（Carol R. Johnson Ecological Services 1995）。显然，这个项目为湿地带来了净收益。

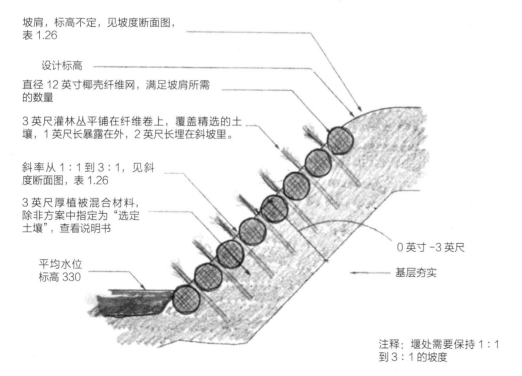

图 3.4 椰纤维网用来固定池岸，同时可以帮助本地物种定居。
资料来源：Carol R. Johnson Associates, Inc. 2002

图 3.5　椰纤维网沿着水岸与
本地物种种植在一起。堰控制
着深水塘的水位，并且帮助控
制百年一遇的暴雨带来的洪水。
资料来源：Jack Ahern。

图 3.6　场地中保留的大树。
资料来源：Jack Ahern。

项目参与者

　　联邦监狱局雇用了波士顿的史塔宾合伙人事务所（Stubbins Associates）负责联邦监狱医疗中心综合体的设计和施工，该综合体接纳了中安保风险和低安保风险的囚犯。这些建筑坐落于一个 300ac.（121.4hm^2）的场地上，拥有树林茂盛的山坡、湿地、溪流以及一家陆军医院和半个之前军队拥有的高尔夫球场，所有这些都位于一个区域的含水层之上（Carol R. Johnson Ecological Services 1995）。

　　在联邦监狱局的原计划中，建筑和停车场遍布整个场地。这样工程就会包括较多的坡地平整、树林清除和湿地填平。史塔宾合伙人事务所作了一个不常见的举动，委任卡罗尔·R. 约翰逊及合伙人事务所作了场地的主管，并且要求负责该场地的土木工程的布莱恩特合伙人事务所（Bryant Associates Inc.）在风景园林师的领导下工作。作为主持设计师，卡罗尔·R. 约翰逊及合伙人事务所提出了一个大胆的方案，将建筑和停车场限制在一个已经清理和平整过的 45ac.（18.2hm^2）的高地上。新的方案只需为必需的监狱设施再整理出 15ac.（6hm^2）的土地，并为溪流引流留出 1 400ft^2（130m^2）的土地和部分的溪流边界湿地即可。这保留了场地上 240ac.（97.1 hm^2）的开放空间、湿地和林地（Carol R. Johnson Ecological Services 1995）。史塔宾合伙人事务所、布莱恩特合伙人事务所、温迪·戈德史密斯〔Wendi Goldsmith，现在的生物固坡集团（Bioengineering Group）创始人〕、卡罗尔·R. 约翰逊及合伙人事务所的风景园林师及其高级生态学家夏洛特·科格斯韦尔（Charlotte Cogswell）以及联邦监狱局的代表一起评估了场地，并且设计了一个水质创新系统以改善地下水补给、洪水控制和野生动物生境现状，同时还保留了现存森林并将高尔夫球场转变成自然草场（Carol R. Johnson Associates 2002；Carol R. Johnson Ecological Services 1995）。

　　卡罗尔·R. 约翰逊及合伙人事务所的风景园林师兰迪·索伦森（Randy Sorensen）和约翰·阿莫德奥（John Amodeo）精通这个项目的生态学方面的事务，并且在项目过程中一直与科格斯韦尔保持着良好的沟通（Carol R. Johnson Associates 2000）。卡罗尔·R. 约翰逊及合伙人事务所不仅致力于评估现场和设计解决方案，还和当地政府以及戴文斯企业委员会管理局（Devens Enterprise Commission Regulatory Authority，简称 DEC）合作，在设计中考虑他们的需求。卡罗尔·R. 约翰逊及合伙人事务所同时扮演了设计者和推动者的角色，他们推进了这个富有争议的项目获得许可的进程，并且帮助联邦监狱局开创了一个先进的解决方案，它是日后戴文斯堡整个地区再发展的模式。

项目愿景与目标

从一开始，卡罗尔·R.约翰逊及合伙人事务所就希望戴文斯项目能够实现多重的目的。这个项目首要目的是处理和缓冲来自监狱设施建成区的雨洪，同时为百年一遇的暴雨提供溢流容量。然而，卡罗尔·R.约翰逊及合伙人事务所同样致力于重建历史溪流廊道，在池塘系统的周边及其中提供更多的野生动物生境，为监狱工作人员和访客创造一个更加具有审美情趣和令人愉悦的场地。

因为卡罗尔·R.约翰逊及合伙人事务所理解与这条小溪相关的多重议题和机遇，他们察觉到了这个项目更大的潜力。他们清楚联邦国防基地的关闭经常受到争议，因为它们在多个层面上影响着邻近城镇的生活。同时，他们关注到这个项目的环境问题，由于被美国环境保护署列入有毒废物堆场污染清除基金清单，而且，它周边有奥斯保国家野生动物保护区和纳舒厄河（Nashua River），还存在来自监狱的光污染对候鸟迁徙路线的影响，并且临近一个地下含水层。

了解到政治人物、当地政府和普通民众想从这个项目得到更多的益处而不是负担，卡罗尔·R.约翰逊及合伙人事务所决定将增加生物多样性写入项目提升清单之中，以获得更广泛受众的支持并使项目快速通过审批。他们采取积极主动的方式将疏导洪水和提升生物多样性结合起来，作为改善现有场地条件的方案展示在地方当局的面前，帮助监狱项目获得了许可通过。最初，联邦监狱局不是很情愿接受一个更加昂贵的设计，但是卡罗尔·R.约翰逊及合伙人事务所让他们相信，环境友好型的方案能促进项目的审批通过，同时满足新环境规章关于联邦项目的规定，该规章要求工作成果必须超越而不仅仅是符合环保的要求（Carol R. Johnson Associates 2002）。

这个项目并没有因兴建监狱的提议而陷入当地争论的泥潭，反而推进得相当迅速，填补了军事基地关闭之后在地方经济中留下的空缺。可以说，整个过程对所有各方而言都是一场胜利，因为这个项目通过在医疗机构提供高质量的就业岗位推动了地方经济的发展，提高了场地雨洪管理能力，提供了比原来更多的野生动物生境而极大推进了当地经济的发展，从而成为戴文斯军营甚至其他同类项目将来再发展的典范。

公私伙伴关系和合作

戴文斯项目代表了私人利益与公众利益的成功合作。它是由为联邦监狱局工作的私人企业设计并施工的。这个项目同时也要求卡罗尔·R.约翰逊及合伙人事务所的员工与邻近城镇和戴文斯企业委员会管理局合作，以理解和回应当地关注的问题。周边城镇对监狱机构承诺的经济机会感兴趣，但是如上所述，很多市民也对项目的环境影响感到担忧。卡罗尔·R.约翰逊及合伙人事务所通过一系列面对公众的研讨会展示项目对于公众的环境效益。

生物多样性数据议题和规划策略

在戴文斯项目中，采集了特定场地的第一手生物多样性数据。在1994年5月，夏洛特·科格斯韦尔和一名鸟类学家对场地上的野生动物情况进行了侦察和评估。他们进行了生境类型和质量的普查，并且在场地上寻找踪迹、声音或者其他的证据，去证实在高尔夫球场的溪流、邻近的草木丛生的湿地以及阔叶和针叶混合林中的虫类、两栖类、哺乳类和鸟类的存在。他们发现，因为先前对溪流的渠道化改造，两栖类的产卵地仅仅局限于溪流的沿岸。溪流的流量已经很小，有一些区域甚至是停滞的死水，这是由人行道涵洞产生的淤泥和沉淀物淤塞所致（Carol R. Johnson Ecological Services 1995）。在森林湿地和森林中，他们观测到了红背蝾螈（*Plethodon cinereus*）、东部花栗鼠（*Tamias striatus*）、北美浣熊（*Procyon lotor*）和几种鸟类。在周围的区域内，他们发现了很多物种的繁殖生境的证据，包括但不局限于牛蛙（*Rana catesbeiana*）、加拿大黑雁（*Branta canadensis*）、双领鸻（*Charadrius vociferus*）、旅鸫（*Turdus migratorius*）、红翅黑鹂（*Agelaius phoeniceus*）和北美短尾鼩鼱（*Blarina brevicauda*）[1]。高地上的阔叶和针叶混合林为红尾鵟（*Buteo jamaicensis*）、毛啄木鸟（*Picoides villosus*）、莺（warblers）、松鸦（jays）和其他鸟类提供了生境（Carol R. Johnson Ecological Services 1995）。

场地完整的物种清单详见表3.1。这次评估同样查明了场地周边接壤的沼泽湿地的物种，这些湿地有柳树（*Salix* spp.）、红花槭（*Acer rubrum*）、白蜡树（*Fraxinus*

---

① 英文版的 brevicauda 拼写错误，现已更正。——译者注

spp.）、灯芯草（*Juncus* spp.）^①等。他们还指出，邻近的奥斯保国家野生动物保护区内具有生活着州级的珍稀野生动物的生境，这些场地被展示在马萨诸塞州自然遗产和濒危动物项目（Massachusetts Natural Heritage and Endangered Species Program）在 1994 年出版的《州级登录珍稀湿地野生动物推测生境图集》中（*Atlas of Estimated Habitat of State-listed Rare Wetland Wildlife*）。

　　戴文斯项目旨在重建河道的河岸功能，提高应对暴雨洪水的能力和提升生物生境的质量。这样三重目的的策略提供了一个主动的"重建"方案，而不是一个被动的"影响减缓"方案（Carol R. Johnson Ecological Services 1995；Carol R. Johnson Associates 2002）。整体项目被描述为"一个大规模的湿地重建的尝试"（Carol R. Johnson Ecological Services 1995）。卡罗尔·R. 约翰逊及合伙人事务所并没有针对几个特定物种进行设计，也不墨守诸如复合种群或岛屿生物地理学理论等生态学原则。相反，他们本着"只要你建设了它们就会来"的理念，采取了一个预期生境的方法来增加生物多样性。卡罗尔·R. 约翰逊及合伙人事务所不仅仅根据对河岸的稳固能力来挑选植物，还考虑到了它们对由洪水引起的周期性水位变化的适应能力。（项目使用的完整植物目录参见列表 3.2）他们的目标是构建湿地生境，将溪流重建到一个更健康的和未受干扰的状态，并预期这将使本地物种受益。通过这种方式，项目团队通过积极的方法来达到生物多样性。这个设计使用生物固坡的方式建立本地湿地种群，并通过保留场地上成熟的本地树木的方式利用了场地上现存的有利资源。

卡罗尔·R. 约翰逊及合伙人事务所于 1994 年 5 月 20 日在戴维斯
场地上普查发现的野生动物物种清单　　　表 3.1

中文名称	英文名称	学名
鸟类		
加拿大黑雁	Canada goose	*Branta canadensis*
绿头鸭	mallard	*Anas platyrhynchos*
双领鸻	killdeer	*Charadrius vociferus*

① 英文版的 Juncus 拼写错误，现已更正。——译者注

续表

中文名称	英文名称	学名
鸟类		
哀鸽	mourning dove	*Zenaida macroura*
短嘴鸦	American crow	*Corvus brachyrhynchos*
黑顶山雀	black-capped chickadee	*Parus atricapillus*
旅鸫	American robin	*Turdus migratorius*
灰嘲鸫	gray catbird	*Dumetella carolinensis*
紫翅椋鸟	European starling	*Sturnus vulgaris*
黄林莺	yellow warbler	*Dendroica petechia*
棕顶雀鹀	chipping sparrow	*Spizella passerina*
歌带鹀	song sparrow	*Melospiza melodia*
红翅黑鹂	red-winged blackbird	*Agelaius phoeniceus*
褐头牛鹂	brown-headed cowbird	*Molothrus ater*
橙腹拟鹂	northern oriole	*Icterus galbula*
紫朱雀	purple finch	*Carpodacus purpureus*①
家朱雀	house finch	*Carpodacus mexicanus*
美洲金翅	American goldfinch	*Carduelis tristis*
斑腹矶鹬	spotted sandpiper	*Actitis macularius*②
灰胸长尾霸鹟	eastern phoebe	*Sayornis phoebe*
美洲凤头山雀	tufted titmouse	*Parus bicolor*
棕夜鸫	veery	*Catharus fuscescens*
黄喉地莺	common yellowthroat	*Geothlypis trichas*③

① 英文版的 purpureus 拼写错误，现已更正。——译者注
② 英文版的 macularius 拼写错误，现已更正。——译者注
③ 英文版的 Geothlypis 拼写错误，现已更正。——译者注

续表

中文名称	英文名称	学名
鸟类		
红尾鵟	red-tailed hawk	*Buteo jamaicensis*
烟囱雨燕	chimney swift	*Chaetura pelagica*
毛啄木鸟	hairy woodpecker	*Picoides villosus*
北扑翅䴕	northern flicker	*Colaptes auratus*
大冠蝇霸鹟	great crested flycatcher	*Myiarchus crinitus*
双色树燕	tree swallow	*Tachycineta bicolor*
冠蓝鸦	blue jay	*Cyanocitta cristata*
白胸䴓	white-breasted nuthatch	*Sitta carolinensis*
棕林鸫	wood thrush	*Hylocichla mustelina*
北森莺	northern parula	*Parula americana*
黑喉蓝林莺	black-throated blue warbler	*Dendroica caerulescens*
橙胸林莺	blackburnian warbler	*Dendroica fusca*
黄腰林莺	yellow-rumped warbler	*Dendroica coronata*
松莺	pine warbler	*Dendroica pinus*
白颊林莺	blackpoll warbler	*Dendroica striata*
猩红丽唐纳雀	scarlet tanager	*Piranga olivacea*
哺乳类		
花栗鼠	eastern chipmunk	*Tamias striatus*
北美短尾鼩鼱	short-tailed shrew	*Blarina brevicauda*[1]
美洲旱獭	woodchuck	*Marmota monax*
白足鼠属	mouse	*Peromyscus*[2]

———————————

① 英文版的 Blarina 和 brevicauda 拼写错误，现已更正。——译者注
② 英文版的 Peromyscus 拼写错误，现已更正。——译者注

续表

中文名称	英文名称	学名
哺乳类		
田鼠属（某个物种）	vole	*Microtus* sp.
北美浣熊	raccoon	*Procyon lotor*
两栖类		
牛蛙	bull frog	*Rana catesbeiana*[①]
红背蝾螈	red-backed salamander	*Plethodon cinereus*
无脊椎类		
水蜗牛	water snail	*Lymnaea palustris*
蚊科（某个物种）	mosquito larvae	*Culicidae* sp.

来源：Carol R. Johnson Ecological Services 1995。

卡罗尔·R. 约翰逊及合伙人事务所在戴维斯场地上使用的植物物种清单　表 3.2

中文名称	英文名称	学名
蓉草	ice cutgrass	*Leersia oryzoides*[②]
泽地早熟禾	fowl bluegrass	*Poa palustris*
禾本科甜茅属植物	rattlesnake mannagrass	*Glyceria canadensis*
禾本科甜茅属植物	fowl Mannagrass	*Glyceria striata*
变色鸢尾	blueflag	*Iris versicolor*
红花山梗菜	cardinal flower	*Lobelia cardinalis*
狗面花	monkeyflower	*Mimulus ringens*
菖蒲	sweetflag	*Acorus calamus*
莎草科薹草属植物	tussock sedge	*Carex stricta*

---

① 英文版的 catesbeiana 拼写错误，现已更正。——译者注
② 英文版的 oryzoides 拼写错误，现已更正。——译者注

续表

中文名称	英文名称	学名
莎草科薹草属植物	shallow sedge	*Carex lurida*
莎草科薹草属植物	fringed sedge	*Carex crinita*
海绵基薹草	stalk-gram sedge	*Carex stipata*
加拿大灯芯草	Canadian rush	*Juncus canadensis*
灯芯草	common rush	*Juncus effusus*
禾本科拂子茅属植物	bluejoint reedgrass	*Calamagrostis canadensis*
贯叶泽兰	boneset herb	*Eupatorium perfolium*
莎草科藨草属植物	bulrush	*Scirpus rubrotinctus*
莎草科藨草属植物	river bulrush	*Scripus fluviatilis*
水烛	narrow-leaf cattail	*Typha angustifolia*
黑三棱属	bur-reed	*Sparganium*[1]
泽泻	American water plantain	*Alisma plantago-aquatica*[2]
箭南星	arrow arum	*Peltandra virginica*
梭鱼草	pickerelweed	*Pontederia cordata*[3]
莎草科藨草属植物	three-square reed	*Scirpus americanus*
野慈姑	needle leaf arrowhead	*Sagittaria latifolia*[4]
北美风箱树	buttonbush	*Cephalanthus occidentalis*
北美山茱萸	silky dogwood	*Cornus amomum*
偃伏梾木	redosier	*Cornus stolonifera*[5]

---

① 英文版的 Sparganium 拼写错误，现已更正。——译者注
② 英文版的 plantago-aquatica 拼写错误，现已更正。——译者注
③ 英文版的 Pontederia 拼写错误，现已更正。——译者注
④ 英文版的 Sagittaria 拼写错误，现已更正。——译者注
⑤ 英文版的 stolonifera 拼写错误，现已更正。——译者注

续表

中文名称	英文名称	学名
紫红柳	goat willow	*Salix purpurea*
美洲接骨木	elderberry	*Sambucus canadensis*
苇状羊茅	ebel tall fescue	*Festuca arundinacea*
黑麦草	palmer perennial ryegrass	*Lolium perenne*
紫羊茅的亚种	Jamestown chewing fescue	*Festuca rubra* subsp. *Commutata*
印度落芒草	Indian grass	*Sorghastrum nutans*
柳枝稷	blackwell switchgrass	*Panicum virgatum*
帚状裂稃草	little bluestem	*Schizachyrium scoparium*
蝶须玫瑰	alpine pussy toes	*Antennaria rosea*
松果菊	purple cone flower	*Echinacea purpurea*
滨菊	oxeye daisy	*Chrysanthemum leucanthemum*
黑心金光菊	blackeyed Susan	*Rudbeckia hirta*
冬青科冬青属植物	inkberry	*Ilex glabra*
轮生冬青	winterberry	*Ilex verticillata*
忍冬科荚蒾属植物	squashberry	*Viburnum edule*
北美山胡椒	spicebush	*Lindera benzoin*
桤叶山柳	sweetpepperbush	*Clethra alnifolia*
银刷树	dwarf witchhalder	*Fothergilla gardenii*
杜鹃花科杜鹃花属植物	swamp azalea	*Rhododendron viscosum*
山月桂	mountain laurel	*Kalmia latifolia*
杨叶桦	gray birch	*Betula populifolia*
水桦	river birch	*Betula nigra*

续表

中文名称	英文名称	学名
多花蓝果树	tupelo	*Nyssa sylvatica*
红花槭	red maple	*Acer rubrum*
蔷薇科唐棣属植物	shadbush	*Amelanchier*
北美落叶松	American larch	*Larix laricina*
加拿大铁杉	Canada hemlock	*Tsuga canadensis*
北美乔松	white pine	*Pinus strobus* [①]

来源：Carol R. Johnson Ecological Services 1995。

项目后评价

这个项目达到了卡罗尔·R.约翰逊及合伙人事务所设定的显著目标：获得了许可证，突现了设计，在生物固坡方面的工作防止了水土流失，使用本地物种启动了该地区的植被恢复。因为卡罗尔·R.约翰逊及合伙人事务所帮助戴文斯企业委员会管理局起草了湿地保护规章，这个项目被戴文斯企业委员会管理局视为未来行动的范例。戴文斯企业委员会管理局作为这个地区的湿地保护的管理机构提供服务，并执行《马萨诸塞州湿地保护法》（*Massachusetts Wetlands Protection Act*）以及依据该法案制定的相关法规（Devens Enterprise Commission Regulatory Authority 1999）。

戴文斯项目获得了专业人士的关注并被认为是一个技术和美学上的成功。它综合了多重属性和多种用途的设计目的，获得了国际侵蚀控制协会（International Erosion Control Association）颁发的环境成就奖（Environmental Achievement Award）（Goldsmith and Barrent 1998；Barrent 1997）。同时，它作为一个极具特色的案例被刊登于《风景园林》（*Landscape Architecture*）杂志，说明了滞留池不必成为"在地球上挖掘的丑陋的用途单一的坑洞"（Thompson 1999，44）。同样地，在《可持续的景观建设》（*Sustainable Landscape Construction*）一书中，作者威廉·汤普森（J. William

---

① 英文版的 strobus 拼写错误，现已更正。——译者注

Thompson）和金·索维格（Kim Sorvig）提到："这一系列的精心建造的池塘看上去好像它们一直在场地中一样"（2000，15）。

该项目在过程中遇到几个障碍。政府的《联邦视觉形象备忘录》（*Federal Appearances Memo*）对于仅仅出于审美目的的政府开销规定了保守的限额，并强迫清除靠近监狱建筑的天然植被。所幸，生物固坡以及湿地内具有种植许可的草本、木本湿地植栽被保留了下来。在建设期间由于水位明显下降，该项目还考验了人们对该设计的信心。因为处在一个不同寻常的干旱的夏季，池塘蓄水缓慢。在一个短暂的时期里，它好像是卡罗尔·R. 约翰逊及合伙人事务所在地上设计了几个又大又丑的洞穴（Carol R. Johnson Associates 2002）。

该项目同样出现了一些局限和缺点。之前场地一直没有进行过正式的水质检查，虽然高尔夫球场周边的场地被改造为天然的草甸，希望通过减少草坪肥料和化学物质的污染来达到改善水质的目的，但是现场的水质评估只是通过场地观察和根据阅读场地历史文件推测得到的（Carol R. Johnson Associates 2002）。另外，生态学家夏洛特·科格斯韦尔诟病该项目缺少监测。因为客户并没有要求监测，所以没有额外的基金分配给项目建成后的分析。然而，一直有关于场地上出现野生动物的传闻；监狱的工作人员报告目击到有红尾鵟（*Buteo jamaicensis*）、赤狐（*Vulpes vulpes*）和其他哺乳动物在池塘边出现。这样缺少监测的情况在景观重建工程中经常出现。通常，设计项目会为一个场地上的建设之后的活动分配少量的资金，而原计划的资金通常被维护费用侵占。至于维护，卡罗尔·R. 约翰逊及合伙人事务所的设计要求每年都对沉降池进行疏浚，防止它成为湿草甸并丧失其水生生境的功能（Carol R. Johnson Associates 2002）。

该项目错过了与奥斯保国家野生动物保护区建立更加紧密连接的关键机会。卡罗尔·R. 约翰逊及合伙人事务所似乎受到联邦监狱局的指派只与许可相关的人员进行联系。结果，他们没有机会与奥斯保国家野生动物保护区的经理蒂姆·普赖尔（Tim Pryor）商谈。根据普赖尔的回忆，尽管"马萨诸塞发展"（Mass Development）（负责该军营再发展的管理机构）的确透露了一些关于雨洪调蓄池的方案，但是他一直没有和任何卡罗尔·R. 约翰逊及合伙人事务所的人员直接联系过（Pryor 2002）。普莱尔没有表达出对该项目对保护区可能的影响的关注，因为并没有一个水池的排水会进入保护区。但是，如果卡罗尔·R. 约翰逊及合伙人事务所能够在景观尺度上更加仔细地审视场地上生境的连接可能性，普莱尔可能成为另外一个生物多样性信息的来源。

　　从相关的许可通过的速度和周围城镇对项目的接受程度来看，这个项目受到了公众的好评。在媒体上没有出现关于缺乏后期维护的批评，并且事实上整个戴文斯地区的转型进展得很顺利。现在，戴文斯再发展的确已经达到了为地区提供经济机遇的目标。这个项目证明，风景园林师可以引导客户通过在场地开发的过程中采取更具战略性的方式，同时提高场地生态性并促进许可的进程，特别是在环境法规严格的州，诸如马萨诸塞州。

第四章
克罗斯温湿地

湿地被公认是生物多样性的热点地区，也是众多水文、生态、经济、休憩功能的供给者（表 4.1）（Pollack，Naiman，and Hanley 1998）。早期美国环境政策几乎没有提供任何保护，实际上，为了农业和城市的发展，允许大规模的湿地排水疏干和填埋。在美国本土 48 个州内的 22 400 万 ac.（约 9 060 万 hm²）湿地中，有 53% 已经消耗殆尽（Dahl 2000）。尽管近几年的湿地的损耗已经减少，但在 1985 ~ 1995 年间，美国仍有约 120 万 ac.（485 633hm²）湿地消失。《清洁水法》（*Clean Water Act*）关于美国湿地达到"无净损失"（no net loss）的目标尚未实现。正如美联社 1997 年 9 月 17 日报道指出的那样，尽管美国每年有 78 000ac.（31 566hm²）的湿地被重建或补偿，湿地总量仍在持续下降（U.S. Fish and Wildlife Service 1997）。

在植物和动物种类数量以及食物和生境供给上，湿地生态系统的价值被估计为仅次于热带雨林（Environmental Denfense and the Texas Center of Policy Studies 2003）。尽管它们只占地球表面 1% 的面积，淡水湿地能容纳地球表面超过 40% 的生物种类和 12% 的动物种类（RAM-SAR 2003）。湿地的生物多样性是一个宝贵的基因物质库，这对于维持足够水平的多样性作为缓冲以抵挡粮食作物的病虫害的侵袭非常重要。此外，湿地作为更大的未受干扰的生态系统的重要组成部分，具有可以将生态旅游产生的收入以及个人和机构自愿为物种和生态系统支付费用作为量化的美学价值（表 4.1）。

湿地功能	表 4.1

1. 食物生产

在很多湿地中，浅水、高含量的无机养分与高速率的初级生产力的结合供养了构成食物网基础的生物体。

2. 生物地球化学循环

湿地支持生物群体、土壤、水和空气中各种营养物质的生物、物理和化学转化。湿地在氮、硫、磷元素的循环中是非常关键的。

3. 鱼类、野生动物和植物的生境

湿地是许多物种的基本生境。对于其他的物种，湿地提供了食物、水和重要的遮蔽充足的季节性或觅食的生境。

4. 改善水体质量和水文特性

湿地截留地表径流、去除或存留无机养分以及处理有机废物、减少悬浮物，避免它们到达开敞水域提高水体质量。

5. 防洪

湿地储存并缓慢释放地表水、雨水、融雪水、地下水与洪水。湿地的洪水存储降低了洪峰并减少了下游的侵蚀。

6. 海岸线侵蚀

滨海湿地通过植物根系固定土壤、吸纳海浪能量和分解江河水流来保护海岸线与河岸免受侵蚀。

7. 经济效益

湿地提供具有经济价值的产品，包括哺乳动物、鸟类、鱼类、贝壳和木材。

8. 游憩、教育与科研机会

湿地提供重要的游憩、教育与科研机会。

来源：Sipple 2002。

在人口稠密地区和沿海地区，湿地常常被集约土地的使用隔离或包围着。现代对支持农业、城市发展和基础设施的空间需求通常和这些残余的湿地发生冲突并使之隔离。为了响应这种土地使用和空间内在的冲突，在大规模的土地开发项目上，湿地补偿已成为一种常见的做法（Zedler 1996）。在绝大多数的补偿项目中，湿地被创建或重建作为对现有湿地干扰或破坏的补偿。湿地通常是以"同样"的形式补偿的（如使用湿草甸代替湿草甸），并与被扰动的湿地相连或相邻。认识到复制一个既有湿地所有功能的困难，以及成功重建湿地复杂生态的总体上的不确定性，通常补偿的面积会使用面积乘数 1.5：1.0（即适当扩大湿地面积）。尽管补偿建立在复制湿地生物物理功能的基础上，补偿乘数通常不能充分考虑到湿地所提供的生态功能，包括防洪、水质量的改善，以及审美享受（Boyd and Wainger 2002）。

湿地补偿涉及全方位的战略性规划的响应（Ahern 1995）。具体如下：

• 保护性——在健康和功能良好的湿地受到隔离和威胁之前进行预留和缓冲不利影响。

• 防御性——在相邻的土地利用或待定的土地利用变化的压力下，使湿地遭受的不利影响减少或使其状态稳定。

• 进取性——创建或重建"新"的湿地来补偿过去在当地环境或其他地方消失的湿地。

• 机遇性——通过湿地补偿和利用以及发展相关的特别机会（如雨洪管理、游憩或环境教育），实现多重或附属的效益。

保育规划通常遵循专注于生物多样性热点地区的保护性策略。在大多数开发项目中，防御性或进取性的策略被应用于减少对湿地的影响和重建湿地包括生物多样性的功能（Aredr 1999；Lecesse 1996）。

风景园林师和规划师定期参与湿地补偿项目的所有阶段，包括湿地边界确定、项目规划设计、补偿规划和许可、施工监理和建设后监测。生态重建领域对风景园林师来说具有巨大的潜力，但可能需要新的教学方法，包括有效和可靠的野外经验（Owens-Viani 2002）。

补偿项目挑战从业者的能力，他们需要实现之前可能已经不存在的多重功能或者把补偿的湿地整合到一个范围更大的多用途景观项目之中。如果项目的规划和设计能够融合多重策略作为一个综合的回应，那么就有很多机会来重建生态和水文功能，并为人类使用和教育增加价值和意义。克罗斯温湿地（Crosswinds Marsh）是一个利用机遇和多重目标的湿地补偿来重建生物多样性的示范项目。并且，该项目展现了风景园林师在这类项目中发挥的作用以及他们如何在此过程中为项目增加价值。

项目资料

克罗斯温湿地是一个 1 400ac.（566hm^2）的多功能湿地补偿项目，坐落于密歇根州韦恩县（Wayne County）的西南部。这个项目源于 1986 年位于底特律大都市韦恩

图 4.1　在密歇根州维恩郡克罗斯温湿地重建项目施工前场地上的项目团队与客户代表。

资料来源: Johnson Johnson & Roy Inc.

县机场（Detroit Metropolitan Wayne County Airpor，简称 DTW）更新其总体规划，其中包括大量产生湿地干扰和需要湿地补偿的主要跑道的扩建。机场场地范围内对补偿规模和空间的限制，导致机场管理者寻求一块在"机场外"但在相同流域内的补偿场地。史密斯集团 JJR 事务所（SmithGroup JJR，当时称为 Johnson Johnson & Roy Inc.）担任项目的主要顾问（Dennison 2000）。一个坐落于韦恩县森普特镇（Sumpter Township）乡野地区的场地因足够大并具有水文"潜力"可支撑补偿区的需要而被选中（图 4.1）。

从韦恩县森普特镇的私人土地所有者处所获得的地产超过 1 400ac.（567hm²），其中约有 620ac.（250hm²）的湿地已经在克罗斯温湿地项目中创建或重建。在第一阶段，史密斯集团 JJR 事务所设计了约 320ac.（130hm²）的新湿地。项目的第二阶段和最终阶段于 2000 年完成。所有的管理工作都是由韦恩县机场局（Wayne County Department of Airports）负责的（Hypner 2001）。在 20 世纪 90 年代，项目依次开展规划、许可、建设、建立和监测。随着项目的实施，增加了重要的生物多样性和公共使用的部分，远远超过了一个湿地补偿项目的范畴（Dennison 2000；Ott 2001）。它成为一个屡获殊荣的项目，获得了 1999 年美国风景园林师协会（American Society of Landscape Architects）颁发的主席卓越奖（President's Award of Excellence）（Martin 2000）。克罗斯温湿地现在是一个成功的韦恩县公园和环境教育中心（Wayne County Park and Environmental Education Center）。从湿地获得新的监测数据已经对密歇根州以及整个美国中西部其他地区的湿地重建提供了重要的知识。

克罗斯温湿地坐落于一个古老湖泊——艾丽拉贝湖（Lake Erielakebed），它的沉积物形成了低岗地，包括滩脊和几个蜿蜒河道所组成的水文格局。这个场地曾经是一个河漫滩草甸、沼泽地和一处森林湿地景观，后来通过农业沟渠和瓦片状排水层人为地排干，用于种植行栽作物（玉米和大豆）、牧场和草场。在 1990 年代早期该项目开始的时候，大部分场地仍用于农业，其余的部分为住宅用途或是演替中的林地。

项目补偿的目标通过与美国环境保护署、美国鱼类和野生动物局、密歇根州自然资源部〔Michigan Department of Natural Resources，现为密歇根州环境质量部（Michigan Department of Environmental Quality），本章其余部分称为 MDEQ〕、韦恩县各个部门、公民咨询委员会和史密斯集团 JJR 事务所等协商而发展。由此产生的目标包括一系列湿地类型：森林湿地、湿草甸、草丛湿地、开敞的浅水域和深水域。前三种类型是补偿机场场地上的森林湿地、湿草甸和草丛湿地的要求，深水湿地的增加是为了建立一个温水渔场（Dennision 2001）。

密歇根州环境质量部负责审查和批准许可，要求被底特律大都市韦恩县机场跑道扩建及相关项目干扰的 311ac.（125hm²）的湿地需以 1.5∶1 的比例补偿。克罗斯温的场地应运而生，以回应各个许可机构（主要是密歇根州自然资源部、美国环境保护署、美国鱼类和野生动物局）的协商。与此同时，关于补偿场地位置的几个共识已经达成。首先，机场外的场地可以避免水禽对飞机造成不必要的危害。其次，需要同一流域提供足够的未开发场地并尽量减少对社区的影响。最后，大型场地与多个小型场地相比，有利于创建更有价值的野生动物生境。

克罗斯温湿地在建成时，曾是美国最大的单一补偿项目。该项目转移了超过 75 万 yd³（573 450m³）的巨大土方转移，创建一个深度为 0～20ft（0～6m）的湿地盆地（图 4.2）。克罗斯温湿地项目的总投入费用约为 1 200 万美元，其中 75% 来自联邦航

图 4.2 建成后的克罗斯温
湿地。
资料来源: Johnson Johnson &
Roy Inc.

空管理局（Federal Aviation Administration）的联邦跑道扩建资金。该项目始于机场和
韦恩县为了保证机场扩建而提供的大力支持。它的巨大规模继而获得了公众的关注及
兴趣，为项目提供了额外的功能和效益，其中包括生物多样性、公众使用和游憩。史
密斯集团 JJR 事务所与所有相关方合作，将这些目标和功能整合到这个补偿项目中
（Dennison 2000）。

项目参与者

克罗斯温湿地涉及众多联邦、州级和县级机构。联邦航空管理局通过机场债券提
供资金（Hypner 2001）。密歇根州环境质量部负责审核和批准所有许可文件。韦恩县

部门主管们、底特律大都市韦恩县机场的工作人员、森普特镇行政人员都参与到该项目的全面审查和许可工作中。

史密斯集团 JJR 事务所是规划、设计和工程的主要顾问。该项目由史密斯集团 JJR 事务所下辖的环境工作室（Environmental Studio）管理，该部门包括了风景园林师、环境科学家等，他们在一个跨学科的环境中工作。涉及的专业人士包括研究水生大型无脊椎动物、鱼类和水质的加里·克劳福德（Gary Crawford）和凯瑟琳·里森（Catherine Riseng）以及专长于植物的威廉·布罗多维茨（William Brodowicz）。咨询顾问包括东密歇根大学（Eastern Michigan University）专长于爬行类、两栖类和哺乳类动物的艾伦·库尔塔（Allen Kurta）和密歇根大学专长于鸟类的斯蒂芬·欣肖（Stephen Hinshaw）。这些科学家进行了项目实施前本底数据的收集和其后的监测，而风景园林师作出设计决策、绘制施工图纸和监督项目建设（Dennison 2001；Ott 2001）。

史密斯集团 JJR 事务所项目组合作为这个项目建立了一个"生态框架"，以了解有多少补偿弹性是可行的。风景园林师最初的作用是提供关于欧美裔定居前植被状况（presettlement vegetation context）的理解以及在该项目中阐释和应用严谨的科学知识。整个项目过程中，风景园林师领导跨学科团队，研究生境的设计方法和试验替代土壤介质和种植方法（如没有表层土、沙，在垄沟种植，使用各种规格的植物）。风景园林师还主导了该项目公众使用的专项规划，包括木栈道、步道、马道和独木舟的路线（图 4.3）。他们还成功地倡导将木栈道、步道和一个访客教育湿地中心纳入项目之中（图 4.4、图 4.5）。

项目工程师还参与了水文模拟，以应对克罗斯温湿地相邻区域在缓解洪泛后可能出现的问题。场地上有两条排水渠：迪斯布罗沟（Disbrow）和克拉克－莫里沟（Clark–Morey）。项目工程师决定迪斯布罗沟能够继续流入并通过湿地，成为湿地的主要水源并改善下游水质。将水质被污染的克拉克莫里沟改道，围绕着湿地的周围流动以保持水文的隔离。工程师还建议使用黏土防渗墙来切断湿地与周边的水文联系，包括一个位于地形低洼处的区域垃圾填埋场。工程师设置了混凝土的溢流构筑物以建立整个项目的湿地水面的水位。这个结构还回应了早期因担心有害鱼类包括鲤鱼（*Cyprinus carpio*）、美洲真鰶（*Dorosoma cepedianum*）的入侵而阻止上流鱼类的迁徙的决定。

图 4.3 克罗斯温
湿地总平面图。
资料来源: Johnson
Johnson & Roy
Inc.

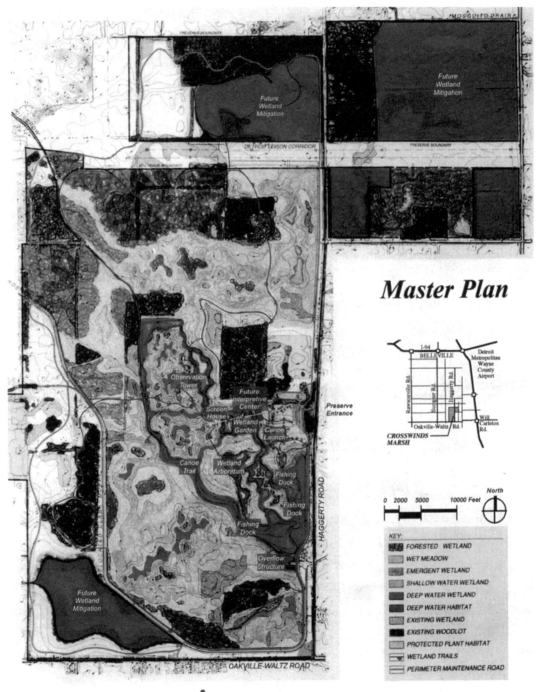

图 4.4 公众的可达性与使用是克罗斯温湿地项目成功的关键。
资料来源: Johnson Johnson & Roy Inc.

图 4.5 克罗斯温湿地游客与环境教育中心。
资料来源: Johnson Johnson & Roy Inc.

　　几个组织参加了公民咨询委员会，其中较为活跃的参与者是密歇根联合保护俱乐部（Michigan United Conservation Club）、东密歇根州环境行动理事会（East Michigan Environmental Action Council）和密歇根大学迪尔伯恩分校（University of Michigan, Dearborn）。他们关注的焦点主要是在湿地补偿和相关的生境创建基础上，满足适合于这个场地的公众使用项目类型和位置。

项目愿景与目标

克罗斯温湿地项目刚开始只是作为一个单纯补偿性的湿地补偿项目，因此它的基本目的是满足密歇根州自然资源部的跑道扩建项目许可的要求。该许可特别明确湿地补偿项目必须："在物理特征、供水和任何其他相关生态因素方面足以创造所需的湿地类型"（Michigan Department of Natural Resources 1991）。

在项目的发展中，史密斯集团 JJR 事务所与韦恩县合作，提出了另外 3 个目的，它们是：

1. 发展教育和静态游憩（passive recreation）[1] 的用途。
2. 提供公众使用的机会。
3. 让克罗斯温湿地成为县资助的"湿地科普自然保护区"（Wetland Interpretive Reserve）。

根据这个补偿项目的规划，增加了上述额外目的，以提供永久的多种环境和社会功能（Johnson Johnson & Roy Inc. 1991）。对韦恩县而言，解决当地居民关注的问题同样是重要的。这些问题是，大约 30 位居民离开了家园以及失去作为镇的税收基础的 1 400ac.（567hm²）土地。

公私伙伴关系和合作

项目许可、设计和实行的过程牵涉到很多公共和私人组织及其利益。当地社区参与了各种项目概念的开发。最初，当地社区不理解如此庞大的湿地补偿项目带来的潜在效益。该方案曾被粗浅地理解为一个"大沼泽"，即取代了农田和本地居住民而提供微乎其微或几乎没有积极的作用（Bauer 2001）。为了提高公众关注并理解该项目

---

[1] 静态游憩（passive recreation）是指自然观察、徒步、划船等户外游憩活动，它们要求最少量的设施或开发，对游憩场地的环境影响最小。与之相对的概念是动态游憩（active recreation），是指团体运动、游乐活动和机动车辆的使用，它们要求大量设施或开发或对游憩场地有着相当大的环境影响。

的要求及其成为本县重要的自然资产的潜力，举行了几个相关的社区听证会。

密歇根联合保护俱乐部与该县和镇的其他成员一起参与了该项目的发展。森普特镇要求获得湿地狩猎的许可，但是出于安全考虑被否决了。作为公众听证会和该项目成功实施的直接结果，克罗斯温湿地在社区居民的注视下从一个大沼泽发展成为一个成功地为当地居民使用的县立公园，为骑马者安装了周边高地步道，并且建立了大范围的排水系统、小径〔遵照《美国残疾人法》（*Americans with Disabilities Act*）中的相关标准〕和木栈道遍布整个场地（图 4.6）。

生物多样性数据议题和规划策略

正如绝大多数湿地补偿和修复项目一样，克罗斯温湿地项目面临着明显缺乏特定生态系统、植物群落和相关生物区的数据的问题。为了克服这种信息缺乏的困难，该项目的规划师和设计者开展了两个互补的研究系列：已出版文献的综述研究以及毗邻和参考湿地的物种调查。史密斯集团 JJR 事务所通过检查这个特定场地唯一可用的信息来研究植被：欧美裔定居前图绘以及历史调查地图。为了确定这个项目地区周边的植物和动物的多样性和分布，对韦恩县现存湿地生境的物种情况进行了调查。通过制

图 4.6　在克罗斯温湿地上骑马。
资料来源：Johnson Johnson & Roy Inc.

作物种列表和将湿地生境与特定湿地物种相关联，该项调查影响了补偿规划的发展。

在补偿场地上进行的植物调查没有发现受威胁或濒危野生物种的存在。然而，在机场发现了这样的植物物种，它们被记录在档案内并且在跑道改建的时候用围栏加以保护，避免其被干扰。选定但处在危险中的濒危植物被树木铲转移并重新种植在补偿场地上。这些植物物种的适宜生境的设计很大程度上由与机场类似的土壤类型和水文条件确定。通过对补偿场地现状的彻底审查之后，确定土壤类型；同时，在机场和补偿场地同时设置监测井建立恰当的水文状况，其后对补偿场地进行土方平整以获得可比较的水文条件。

迪斯布罗排水沟支持了温水渔场和农业水渠、淡水沼泽和浅水区域群落的常见大型无脊椎动物种群的生长。然而，最初的水生生物调查的结果表明：大量从伊利湖（Lake Erie）迁移过来的鲤鱼和美洲真鲹将破坏溪流内的生境、驱逐大型无脊椎动物和取代原生的鱼类。这促使人们决定通过切断迪斯布罗排水沟上游迁移的潜力，从而"隔离"湿地的水文。

文献回顾、现场调查以及对邻近参考的湿地的调查，提供了充足的信息以制定综合的补偿规划。这个规划的分期发展最初是由竖向规划确定的，该竖向规划建立了多种水位深度来对应特定的湿地类型。种植规划应用了多种管理定居的技术来重建湿地以及高地的生境的生物多样性（表4.2）。

目标植物群落的管理和定居技术的关系　　　　　　　　　　表4.2

湿地类型	区域（ac./hm²）	百分比	计划的水文情势	植物恢复技术
森林湿地和灌丛湿地	335.6/136	54	季节性淹没	裸根苗木、树木种子、树苗
湿草甸	120/48.6	19	浸透	播种草和草花类
草丛湿地	102/41.3	16	0-2ft 0-0.6m	播撒种子和块茎
浅水湿地	29/11.7	5	2-3ft 0.6-0.91m	块茎和根茎
深水湿地	27/10.9	5	3-6.5ft 0.91-2m	块茎和根茎
深水生境	6/2.4	1	6.5-12ft 2-3.6m	水下树木堆积
湿地补偿总面积	620/251	100		

备注：水深深度大于2m的区域不计入湿地补偿面积，上述湿地补偿的数量是按照需要补偿的同类湿地的1.5：1.0的比例换算的。
来源：Smith Group JJR

项目后评价

在场地的监测过程中使用了植物区系质量评估系统（Floristic Quality Assessment system）（Herman et al.1996）。在过去 5 年中，20 条样带的持续监测，不但记录了补偿物种定居的速率，还展示了物种的组成如何随季节性水分条件而变化。在每个生境类型中，至少建立 2 条样带。沿着样带，每 50ft（16m）设立 10.8ft^2（1m^2）的样方，每个样方的中心都会用木桩作标记。选择的样方代表了种植区和非种植区。许可证要求在 1994 ~ 1998 年间对湿地进行监测。在 1999 年，该县主动进行了一部分地块的额外监测。除了照片，对每个样方信息的记录还包括覆盖率、指示物种频度、水位、pH 值（Dennison 2001；Johnson Johnson & Roy 1999）。

此前，在每年的春季和夏末，分别进行 2 次水文监测，记录水深测量仪和地下水井的读数；每年的春末、夏季和秋季，在固定的水源入口和出口的采样点分别监测水质 3 次，还测量温度、溶解氧、pH 值和电导率。现在，水文和水质数据的采集已经停止。由于划艇租用涉及人与水体的接触，韦恩县还在继续收集监测细菌状况的水质数据。

项目还对几类动物进行了监测：鸟类、两栖动物、爬行动物和哺乳动物。每年在春季迁徙期间以及夏季和秋季监测鸟类 3 次。上午在一个特定的观测站，进行 5 分钟的观测，包括视觉和听觉的观测以及鸟的叫声应答（人类诱发鸟类的叫声）。两栖动物和爬行动物的监测结合植物取样，每年 3 次。两栖动物和爬行动物也在每年的 3 ~ 6 月监测，使用漂流围栏和陷阱进行夜间捕捉。哺乳动物的监测是通过沿固定的样带设置捕捉笼进行的，还记录到麝鼠居所和麝鼠吃草的证据。

最后，在每年春季、夏季和秋季，采用分层随机抽样的方式观测水生生物 3 次。在 7 月，基于香农—韦弗多样性指数（Shannon–Weaver diversity index）（Shannon and Weaver 1949），对 7 个地点的大型无脊椎动物进行了耐受性评估分析。鱼类监测在浅水域使用围网工具，在更深的水域使用刺网，以记录物种类型和规模（Dennison 2001）。

密歇根州环境质量部对整体监测的要求是 5 年，而对从机场移植到毗邻克罗斯温湿地区域的受保护的植物物种的监测要求是 10 年。机场工作人员最初假定监测结果可能会"引发"额外的补偿工作而不赞赏这一要求。监测要求也引起了对整个项目"结束点"的关注，因为项目完成后还需要等待 5 ~ 10 年。监测要求远远超出了工程承包商两年种植担保期。在该项目中，韦恩县、密歇根州和几个关联的联邦机构之间

图 4.7　在克罗斯温湿地中白头海雕的筑巢。
资料来源：Johnson
Johnson & Roy Inc.

存在着"不稳定"的关系。监管机构人员的工作变动以及在最终的项目批准和签发时间安排上产生的忧虑，也引起了关注。

监测记录显示，一些地区已被外来物种入侵，包括芦苇（*Phragmites australis*）和千屈菜（*Lythrum salicaria*）。通过使用Rodeo 除草剂定向防治，75%~80% 入侵物种已被清除。清除后的场地被重新种植，并通过非化学的控制方法进行监测和管理。

在湿地植被尚未定居之前，施工期间大面积黏土裸露造成湿地的开放水域的高度浑浊。开放水域的长向平行于盛行的西风方向，产生了显著的风吹程（wind fetch），导致水的运动和混浊度增加。湿地在早年养殖鲤鱼，在喂养过程中不断搅拌底部黏土加剧了混浊问题。随着水生植物的定居和黏土底层的稳定，混浊度已经降低。在开放水域中定居的优势植物包括穗状狐尾藻（*Myriophyllum spicatum*）、菹草（*Potamogeton crispus*）、小茨藻（*Najas minor*）。由于水的质量随着项目的完善而有所改善，捕食小个体的鲤鱼和限制其数量的掠食性鱼类（如鲈鱼）的黑鲈属物种（*Micropterus* spp.）[1] 已经定居。

使项目设计师和该县立公园工作人员惊奇和欣喜的是，白头海雕（*Haliaeetus leucocephalus*）迁移到了毗邻该湿地的一片树林中（图 4.7）。主巢所在的树木位于相邻开放水域主要区域的林地内，这片水域被升高的水位淹没。巢穴所在的位置俯瞰着克罗斯温内大部分开放水域，该区域也是在冬季最后一个冻结的地方，这保证了一个几乎恒定的饲养白头海雕的生境。白头海雕的存在使项目的公众知名度提高，确立了克罗斯温作为一个真正的"自然保护区"和湿地研究中心的地位。它们的出现已经影响了项目的管理，例如没有必要在湿地中使用鱼藤酮杀死鲤鱼。

正如该项目的其他方面一样，外来物种入侵的议题已成为韦恩县公园局（Wayne County Parks Department）职员管理的教育内容之一。由于会增加斑马纹贻贝（*Dreissena polymorpha*）进入湿地的风险，私人船只被拒绝入境。但可以租借划艇满

---

① 英文版为 ssp.，作者确认原文错误，现已更正。——译者注

足游憩需求。教育项目因此在更广泛的生物多样性语境内讨论外来入侵物种。

这个场地的经验教训已应用于与克罗斯温湿地相邻的第二期补偿项目上，该设计基于第一期湿地建设结果对设计进行适当修改之后获得了批准。这个额外的补偿项目重点是森林湿地并限制任何额外的大众通行。

监测人类使用和相关冲突仍是韦恩县公园局需要持续管理的内容。周边的小径用于骑马和安保巡逻。在其他区域，韦恩县公园局对马的使用进行监测，由于骑马者和骑自行车者之间存在一些冲突，因此他们创造了非官方的小径。此外，一些意想不到的冲突已经出现。例如臭鼬（*Mephitis mephitis*）、浣熊（*Procyon lotor*）、水貂（*Mustela vison*）、北美负鼠（*Didelphis virginiana*）已经学会利用该项目中的木板路来吃鸭蛋和鸟蛋。目前还没有解决这个问题的措施。

图 4.8　依据《美国残疾人法案》修建贯穿克罗斯温湿地的无障碍径道与栈道建设是湿地重建方案中完善公共使用功能的一部分。
资料来源：Johnson Johnson & Roy Inc.

第五章
威拉米特未来的多元选择项目

威拉米特河流域（Willamette River Basin）位于俄勒冈州西部海岸山脉（Coast Range）和喀斯喀特山脉（Cascade Range）之间。该流域正面临着艰巨的挑战，即寻找一个既能够适应人口增长又可以保护和改善生态和环境资源的发展模式。该流域是一个生物多样性议题的温床；是各种各样的植物和动物物种的家园，其中有 17 种生物被列入《濒危物种法》之中，包括北方斑点鸮（*Strix occidentalis caurina*）、大鳞大麻哈鱼（*Oncorhynchus tshawytscha*）和上威拉米特河的虹鳟鱼（*Oncorhynchus mykiss*）。然而，威拉米特河流域人口增长超过了全国的比率，预计到 2050 年该地区的人口将翻一番（Hulse 2002）。

在威拉米特河谷宜居论坛（Williamette Valley Livability Forum，WVLF）赞助下，《俄勒冈人报》（*Oregonian*）在 2001 年刊登了几篇文章，记录该地区的经济基础如何从农业向技术和服务行业转移，导致许多农村地区人口流失，而郊区和城市中心区则人满为患。同时，该区域有着作出有利于环境保护的选择的历史。俄勒冈州是全国第一个通过全州土地利用总体规划和增长管理法规的州。这项立法部分归功于风景园林师劳伦斯·哈普林（Lawrence Halprin）的工作，特别是《威拉米特河谷：面向未来的选择》（*The Willamette Valley: Choices for the Future*）这本书（Lawrence Halprin and Associates 1972）。俄勒冈州致力于保护环境的其他例子包括于 1971 年通过的《俄勒冈州森林实践法》（*Oregon Forest Practices Act*）以及"西北森林计划"（Northwest Forest Plan，缩写为 NWFP）。

然而，保护生物多样性只是愿景之一，它需要与其他紧迫的议题权衡，如水资源可用性和土地使用冲突。幸运的是，前俄勒冈州州长（任期 1995-2003）约翰·基兹哈柏（John Kitzhaber）理解环境和生物多样性是整个系统不可缺失的组成部分。如基兹哈柏在 2001 年威拉米特河谷宜居论坛（Williamette Valley Livability Forum, WVLF）上所说："未来不是一个运气的问题，而是一个选择的问题。它不是一件需要等待的事情，而是一件需要实现的事情。"（Baker and Landers 2004，311）

　　威拉米特未来的多元选择项目（Willamette Alternative Futures Project，缩写为 WAFP）采取在全流域范围内创造未来情景的做法，阐释不同的规划和政策决定将如何影响未来 50 年的生物多样性、水质资源和人口。俄勒冈州立大学校长保罗·里瑟尔（Paul Risser）认为，未来的多元选择的情景是"显示决策可能性的最有说服力的工具"（Risser 2002）。

项目资料

　　威拉米特河流域包括近 740 万 ac.（30 000km²）的土地，范围从陡峭的山脊、针叶树覆盖的喀斯喀特山脉坡地到郁郁葱葱森林覆盖的俄勒冈州西部的海岸山脉的斜坡，其间还有威拉米特河谷（Willamette Valley）的高产农业用地。各汇水区的海拔在 1 ～ 10 500ft 间（1 ～ 3 200m），涉及了俄勒冈州 36 个县中 13 个（Hulse 2002）。波特兰（Portland）、塞勒姆（Salem）、尤金 – 斯普林菲尔德（Eugene–Springfield）、科瓦利斯（Corvallis）的城市中心都在威拉米特河流域（Willamette River Basin）之内，而人口统计数据表明，所有这些城市地区正在遭受扩张的苦恼，它们在精心划定的城市增长边界内膨胀（Weitz and Moore 1998）。那些居民认为环境质量和广袤的荒地是使河谷成为一个特殊居住场所的关键因素，担心城市的扩张很快会破坏他们所热爱的流域。

　　自从欧美裔定居以来，该地区的土地覆盖组成已经发生了重大的变化。从历史上看，在流域中，高达 75% 的山地森林，由原生针叶树组成，而低地则覆盖着俄勒冈白橡木（*Quercus garryana*）[1]稀树草原或黑杨（*Populus balsamifera*）、阔叶梣（*Fraxinus latifolia*）[2] 和其他沿着威拉米特河生长的河岸物种（图 5.1）。开发导致原始森林和俄

---

[1] 英文版的 Quercus 拼写错误，现已更正。——译者注
[2] 英文版的 Fraxinus 拼写错误，现已更正。—— 译者注

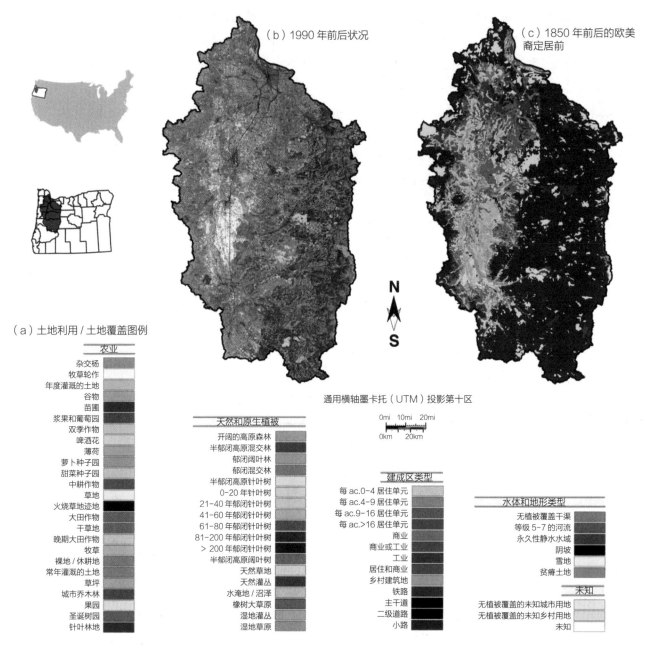

（b）1990 年前后状况

（c）1850 年前后的欧美
裔定居前

（a）土地利用 / 土地覆盖图例

农业

杂交杨
牧草轮作
年度灌溉的土地
谷物
苗圃
浆果和葡萄园
双季作物
啤酒花
薄荷
萝卜种子园
甜菜种子园
中耕作物
草地
火烧草地迹地
大田作物
干草地
晚期大田作物
牧草
裸地 / 休耕地
常年灌溉的土地
草坪
城市乔木林
果园
圣诞树园
针叶林业地

天然和原生植被

开阔的高原森林
半郁闭高原混交林
郁闭阔叶林
郁闭混交林
半郁闭高原针叶树
0-20 年针叶树
21-40 年郁闭针叶树
41-60 年郁闭针叶树
61-80 年郁闭针叶树
81-200 年郁闭针叶树
> 200 年郁闭针叶树
半郁闭高原阔叶树
天然草地
天然灌丛
水淹地 / 沼泽
橡树大草原
湿地灌丛
湿地草原

通用横轴墨卡托（UTM）投影第十区

0mi　10mi　20mi

0km　　20km

建成区类型

每 ac.0-4 居住单元
每 ac.4-9 居住单元
每 ac.9-16 居住单元
每 ac.>16 居住单元
商业
商业或工业
工业
居住和商业
乡村建筑地
铁路
主干道
二级道路
小路

水体和地形类型

无植被覆盖干渠
等级 5-7 的河流
永久性静水水域
阴坡
雪地
贫瘠土地

未知

无植被覆盖的未知城市用地
无植被覆盖的未知乡村用地
未知

图 5.1　本图比较了约 1850 年欧美裔定居前（左图）与 1990 年（右图）的土地使用和土地覆盖的情况。注意其中树龄较大的森林覆盖率的大幅度减少（1850 年地图中的深绿色）。

资料来源：Hulse et al. 2004.Copyright 2004 by the Ecological Society of America.

勒冈州白橡木稀树草原急剧缩减。受到城市化和耕地的侵占，现在只有 20% 的原始河岸土地保留着森林，以及仅仅 3% 的干草原和湿草原以及 5% 的欧美裔定居前的湿地依然存在。此外，对威拉米特河及其支流的改造与过度需求，使得河流总长缩短了 25%，造成了相当大的生境丧失和水位下降问题（Hulse，Gregory，and Baker 2002）。由于水坝、污染、河道多样性的丧失和泥沙沉积等原因，河流及其相关径流中的重要野生动物生境已经消失。这条河目前被列在《清洁水法》303（d）条款的水质不达标名单［Clean Water Act 303（d）list］之中；特定河段已被发现含有高浓度的个人护理用品污染物（Personal Care Products，缩写为 PCPs）和二噁英，贯穿波特兰市受到污染的河段被（美国环境保护署）列入有毒废物堆场污染清除基金清单（Willamette Riverkeeper 2002）。

　　威拉米特未来的多元选择项目包括 3 个阶段。第一阶段是对地貌、水资源、生物系统、人口、土地利用以及土地覆盖方面的流域现状（约 1990 年）和历史（约 1850 年）的数据收集与分析（Baker et al. 2004）。第二阶段是基于这些数据绘制该地区未来 3 个可选择的情景，其中每一个情景均依据不同的土地发展假设而制定（图 5.2 和表 5.1）。3 个情景都受限于相同的人口增长预期，即 2050 年增加 390 万人，但是 1 个情景假设增长会根据目前的发展趋势（规划趋势 2050，Plan Trend 2050），1 个情景（自然保育 2050，Conservation 2050）假设河谷中的保护措施会增加，而另 1 个情景（土地开发 2050，Development 2050）模拟如果该地区为了支持发展放宽保护限制状况会如何（图 5.3；同时参见图 5.4）（Hulse 2002）。在第三阶段中，研究者模拟这些未来的多元选择情景在 4 个核心方面的影响：（1）威拉米特河的生态状况；（2）水资源可利用量；（3）该河流相关支流的生态状况；（4）陆生野生动物（Hulse 2002；Baker et al. 2004；Schumaker et al. 2004；Van Sickle et al. 2004）。

图 5.2 威拉米特未来的
多元选择项目的情景发展
模型展示了数据如何输入
模型，以及项目参与者
的决策在何时可以被用
来制定替代性未来发展
方案。土地分配模型化
来源于太平洋西北地区
生态系统研究联盟（Pacific
Northwest Ecosystem
Research Consortium,
简称 PNW-ERC）的情
景设想，它结合了现有数
据而建立了 3 个可选择
的情景。
资料来源：被授权复制
于俄勒冈州立大学出版社
（Oregon State University
Press）于 2002 年出版
的《威拉米特河流域规划
图 集》（ Willamette River
Basin Planning Atlas）。

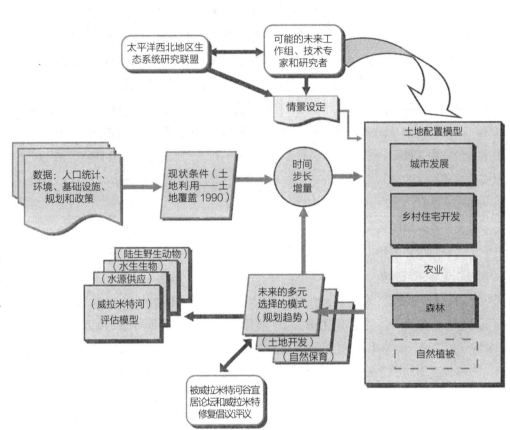

这 3 个可选择的情景做出了不同的土地利用假设，对森林、农田、水生和陆生生物、城市地区以及水资源有着不同的影响。自然保育 2050 情景假定了更加严格的环境控制并优先考虑生境保存。规划趋势 2050 情景基于现行趋势运作，而土地开发 2050 情景假设了一个更加以市场为导向、有利于开发的环境。这些情景旨在将供选择的规划政策有可能带来的影响告知受众和决策者

表 5.1

情景	策略	对农田或森林的影响	对陆生和水生野生物种的影响	对城市地区的影响	对水资源的影响
自然保育 2050	在合理的范围内优先保护和重建生态系统	15% 的基本农田因转为自然植被而流失；原生针叶林增加 17%	获得生境的陆生野生动物比丢失生境的多出 31%	仅在的城市增长边界（UGB）内有新的强调高密度的开发；城市化土地数量增长 18%	地表水消耗增加 43%；夏季会枯竭的河流的长度在现有基础上增加 70%

续表

情景	策略	对农田或森林的影响	对陆生和水生野生物种的影响	对城市地区的影响	对水资源的影响
规划趋势 2050	延续现行政策和趋势	失去的现有农业土地的总面积小于2%，但是原生针叶林减少19%	对全流域影响较小（自1990年以来变化了10%），但一些特定的区域发生显著的变化	仅在城市增长边界内有新的开发；人口密度翻了一番，达到18人/hm^2。城市化土地数量增加25%。8.3%的土地为城市、郊区和农村的开发所占有（在1990年的基准上增加23.9%）	地表水消耗增加57%；对第2级至第4级的河流流量影响显著[①]：夏季枯竭的溪流长度翻倍
土地开发 2050	放宽现行政策来体现更倾向于以市场为导向的途径	24%的基本农业用地流失；成熟的针叶林退化22%	对全流域影响大（以1990年为基准，丢失生境的陆生野生动物比获得生境的多39%），对水生生物没有显著的影响	在城市增长边界内的人口显著增长至14.6人/hm^2；城市化用地数量增长50%；10.4%的土地为城市、郊区和农村的开发所占有。在1990年的基准上增加55.2%	地表水消耗增加58%；对第2级至第4级溪流流量影响显著；在正常的夏季枯竭的溪流长度增加75%

来源：改编自（Hulse，Gregory，and Baker 2002）。

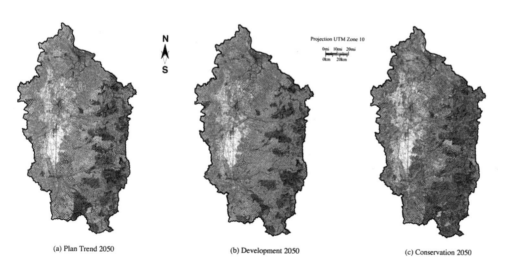

(a) Plan Trend 2050   (b) Development 2050   (c) Conservation 2050

图5.3 3种未来发展的图示对比：规划趋势2050、土地开发2050和自然保育2050

---

① 直接发源于源头的河流等级（stream order）为第1级，数字越大，河流等级越高，流量越大。——译者注

图 5.4 尤金市北部的南威拉米特河流域局
部地区的过去、现在和 3 个未来的多元选
择的可视化视图。请注意，与 1850 年的地
图相比，河道多样化和洪泛平原森林减少，
3 个未来情景下不同的城市化蔓延。
资料来源：被授权复制于俄勒冈州立大学出
版社（Oregon State University Press）
于 2002 年出版的《威拉米特河流域规划
图集》（*Willamette River Basin Planning
Atlas*）。

（a）1850

（b）1990

（c）规划趋势 2050

（d）土地开发 2050

（e）自然保育 2050

项目参与者

威拉米特未来的多元选择项目是一个始于 1995 年的区域性项目。该项目是由当时的美国总统比尔·克林顿（Bill Clinton）的"西北森林计划"引发的（Willamette Valley Livability Forum 2001）。为响应该计划，美国环境保护署发起了一项由该署生态学家琼·贝克（Joan Baker）领导的研究计划，倡议成立了太平洋西北地区生态系统研究联盟；该联盟集合了来自 10 个机构的 34 位科学家，包括美国环境保护署、俄勒冈州立大学、俄勒冈大学（University of Oregon）、华盛顿大学（University of Washington）、美国森林局（U.S Forest Service），这些专家来自多个学科，包括陆生和水生生态学、水文学、风景园林学、湖沼学、地理学、林学、遥感、生态统计、农学、计算机模拟（Hulse 2002）。

通过威拉米特河谷宜居论坛和威拉米特重建倡议〔Willamette Restoration Initiative，缩写为 WRI，现名"威拉米特伙伴"（Willamette Partnership）〕，该联盟从各种领域提供了科学的数据支持基于社区的环境规划（Hulse 2002）。威拉米特河谷宜居论坛成立于 1996 年，目的是基于发展、保育和重建的有关问题制定规划战略。两年后即 1998 年，威拉米特重建倡议建立，其任务是基于人口预测拟定保护和重建野生动物生境、保护濒危物种、处理水质议题以及管理洪泛平原的战略。这两个组织经过仔细的挑选，代表着威拉米特流域中各种不同的利益群体，包括部族领袖、普通公民、工商业代言人、非政府组织成员以及地方、州和联邦政府代表（Hulse 2002）。该项目的经费由美国环境保护署通过与俄勒冈州立大学和太平洋西北地区生态系统研究联盟签订的合作协议资助。

风景园林师已为俄勒冈州的区域规划付出多年的努力。威拉米特未来的多元选择项目源于劳伦斯·哈普林（Lawrence Halprin）早年（1972 年）的出版物[①]，因为它通过完成土地利用与其他使用的交叉影响矩阵来赋予各团体创建各自发展情景的权利，被视为"填色薄"（The Coloring Book）。在 1970 年代，因为这本书，促进了全州规划法的实施帮助，改变了俄勒冈州的土地使用政策和规划。这个规划法是 1973 年推

---

① 指前文提到的《威拉米特河谷：面向未来的选择》（*The Willamette Valley choices for the future*）。——译者注

行的俄勒冈州参议院法案 100（Senate Bill 100），该法案确立了全州规划和强制性城市规划（Lawrence Halprin and Associates 1972）。

　　风景园林师和规划师在威拉米特未来的多元选择项目中发挥着中心协调的作用。俄勒冈大学的大卫·赫尔斯（David Hulse）和他的同事们是这个项目的主持风景园林师。根据生态学家琼·贝克所述，赫尔斯是这个项目的重要领导者，在项目组正在为未来而设计的时候，他提供了一个广阔的视角。赫尔斯担任多学科团队的整合者，并将项目的理念和目标传达给社区（Baker 2002）。来自野生动物守护者（Defenders of Wildlife）的太平洋西北地区生态系统研究联盟成员莎拉·威克曼（Sara Vikerman）提到，赫尔斯在广阔的学科领域具备的经验帮助他在科学信息和应用之间架起了连接的桥梁（Bastach, Gregory, and Vickerman 2002）。

　　像威拉米特未来的多元选择这样的项目要取得成功，必须要找到向当地受众传达数据和议题的方式。在这类项目中，生成高质量的数据还不足以产生改变。为了影响公众，这些数据需要内置在一个功能强大、用户界面友好和可视化的媒介中（Bastach, Gregory, and Vickerman 2002; Hulse, Branscomb, and Payne 2004）。生物学家保罗·里瑟尔认为，风景园林师和规划师对生物多样性规划的主要贡献是在于他们使用复杂的数据分析工具的同时能将人类和社会观点纳入讨论的实践能力（Risser 2002）。威拉米特重建倡议的里克·巴斯达克（Rick Bastach）将风景园林师描述为公众参与过程的"管理者"，而来自太平洋西北地区生态系统研究联盟成员、俄勒冈州立大学渔业和野生动物系（Department of Fisheries and Wildlife）生态学家斯坦·格雷戈里（Stan Gregory）相信，风景园林师乐于专研科学以及允许受影响的市民提出设想。格雷戈里谈到，风景园林师根据他们对目标受众的理解绘制图样，把可理解的信息传达给公众（Bastach, Geogory, and Vickerman 2002）。

　　赫尔斯做出了关键性的决定，即如何以公众理解的方式来最好地展示未来的多元选择。了解到公众对动画的可视化反应良好，他的团队使用图形技术提炼数据，使市民能够轻松地评议这些情景（Hulse, Branscomb, and Payne 2004）。赫尔斯认为，项目因为在科学上站得住脚并且在概念上为公众所理解，更容易获得成功（Hulse 2002）。

项目愿景和目标

由威拉米特河谷宜居论坛、威拉米特重建倡议和太平洋西北地区生态系统研究联盟组成的机构，共同致力于实现在威拉米特谷制定发展和保护综合战略以应对预期的快速人口增长的目的。太平洋西北地区生态系统研究联盟的具体目标是提供科学的信息，以帮助决策者和公民在关于地方和区域的土地和水资源的使用方面作出更好的选择。他们希望帮助威拉米特河谷宜居论坛塑造这个流域未来的形象，援助威拉米特重建倡议制定全流域的重建策略，以及帮助当地居民和政府作出更明智的决策。

太平洋西北地区生态系统研究联盟的研究集中于以下 4 个目标：

1. 探索在过去的 150 年中人类如何改变了流域的自然资源。
2. 考虑到各种可能性，预测未来人类如何改变这些景观。
3. 确定这些变化带来的预期的环境影响。
4. 揭示在流域内哪些地方的哪些行动会对自然资源产生最大的影响（Hulse 2002；Schumaker et al. 2004；Van Sickle et al. 2004）。

为了实现保存和重建功能性的生态系统的生物多样性目标而不是简单地关注物种，太平洋西北地区生态系统研究联盟的科学家还开发了专用的模型。在联盟内工作的风景园林师的目标是使用明确和易于理解的方式向公众呈现关于流域模式和趋势的复杂数据。威拉米特河谷宜居论坛和威拉米特重建倡议努力实现他们的目标，其中包括在该项目过程中让尽可能多的社区参与进来。所有这些目标结合起来帮助推动该项目向总体目标推进。

公私伙伴关系和合作

政治家在支持有争议的措施之前，需要一定程度上保证在改变的进程中让他们的选民参与进来，如涉及生态重建或保育的土地征用。太平洋西北地区生态系统研究联盟、威拉米特河谷宜居论坛和威拉米特修复倡议的成员知道，社区代表早期参与，将有助于该项目的结果获得政治家的信任（Bastach，Gregory，and Vickerman 2002）。社区参与是威拉米特未来的多元选择项目整个过程中不可缺少的组成部分。在太平洋西北地区生态系统研究联盟确定该项目的目的之后，他们组织了一个"未来的多元选择工作组"（Possible Futures Working Group，缩写为 PFWG），包括了 20 位不同背景的公民代表着房地产、农业、规划、交通、大都市区、工业和环境等利益相关方。这个工作组的任务是为该流域测试假设和制定 3 个逼真的未来发展路径（Willamette Valley Livability Forum 2001）。该工作组的目标是，根据俄勒冈州州域规划倡议的精神，为多种用途作出规划。因此，他们仔细考虑了各方面的土地使用和行动方式，并明确指出了不同位置的土地利用类型。两年来，他们每月都和太平洋西北地区生态系统研究联盟会谈，然后太平洋西北地区生态系统研究联盟根据情景评议细节（Huls 2002）。

威拉米特未来的多元选择项目的研究者捍卫公众参与生物多样性规划过程的理念。他们明白，美国的人口增长和由此加剧和蔓延的土地利用，构成了对生态系统的可持续性和生物多样性的最大威胁。他们认为，为了缓解这些影响，需要改变大量的人群的行为。他们声称，由于财产和财富个人持有的权利的价值观根深蒂固，自上而下的政府监管的方法是无效的（Hulse 2000）。相反，研究者主张设计解决方案应该来自政府机构和社区居民的合作关系，这一过程使参与者获得更好的理解，并且该未来项目的结果将被实施的可能性更高（Baker 2002）。

在威拉米特未来的多元选择项目中，公共和私营部门合作的过程，使公众能够参与塑造一个并非全赢或全输的情景的愿景。例如，正如莎拉·威克曼（Sara Vikerman）所指出，社区成员惊讶地意识到，尽管人口增长，但是野生动物的前景能够得到改善（Bastach，Gregory，and Vickerman 2002）。

生物多样性数据议题

威拉米特未来的多元选择项目采取多物种、景观层面的手段，以达成生物多样性。该项目是独一无二的，它在一项大型研究的框架下研究了陆地和水生生物的生物多样性，并建立了模拟这 3 种情景如何将影响该地区的生物多样性的预测模型。在发展这些模型的过程中，研究人员在处理不完整的野生动物生活史数据的同时，探求介于实用需求（pragmatism）和生物实际情况（biological realism）之间的折中之策。

　　该项目使用欧美裔定居前和1990年的地理信息系统地图对生境编录。科学家们还使用了从大自然保护协会、俄勒冈州自然遗产项目（Oregon Natural Heritage Program）以及国家隙地分析项目（Gap Analysis Program，缩写为GAP）获得的数据（Hulse 2002）。这个项目通过平等地衡量所有物种的重要性来处理生物多样性。濒危物种的选择并非因为它们的濒危状态，而是因为拥有这些物种的重要生活史数据（Schumaker et al. 2004）。该项目采取被动的和主动的途径，以达成生物多样性。项目的生物学家分析了整个流域的物种丰富度，并建模研究不同的物种如何响应景观的变化（Hulse，Gregory，and Baker 2002）。在发展规划设计构想时，他们试图避免在特定物种"源"区（source）进行开发，并确定了亟待优先重建的地区。此外，在生成模型的时候，他们更关注生境、生物及其过程的多样性，而不是个体物种的存在。

　　该项目同时使用简单的方法和更复杂的方法评估陆生野生动物。在简单的方法方面，生物学家识别和检查了威拉米特河流域的34种生境类型；它们现在和历史上存在了279种两栖类、爬行类、鸟类和哺乳类动物。他们使用生境持续性代表物种生存力，并就不同生境类型对物种（的生存力）进行排序（Schumaker et al. 2004）。这种方法存在局限，生境与真正的种群水平并不总是完全相关的。因此，研究人员选取了具有足够数据的17个物种，开发了协助跟踪关键生境项目（Program to Assist in Tracking Critical Habitat，缩写为PATCH）模型，进行了深入研究。这个模型包括了生境质量、数量和格局对物种生活史参数的影响，如生存率、繁殖力和迁徙。（详见表5.2协助跟踪关键生境项目分析所使用的物种清单）。这个协助跟踪关键生境项目模型用图示解释了野生生物物种应该在哪里出现，以及在怎样的物种密度它们可以很好地生存（图5.5）。当与简单的方法结合时，协助跟踪关键生境项目的分析强调了野生生物的景观连接度（Hulse，Gregory，and Baker 2002）。

在威拉米特未来的多元选择项目中协助跟踪
关键生境项目模型分析（PATCH Analysis）使用的物种清单　　表 5.2

中文名称	英文名称	学名
蓝镰翅鸡	blue grouse	*Dendragapus obscurus*
短尾猫	bobcat	*Lynx rufus*
库氏鹰	cooper's hawk	*Accipiter cooperii*
郊狼	coyote	*Canis latrans*
黑顶山雀	black-capped chickadee	*Parus atricapillus*
道氏红松鼠（亚种）	douglas squirrel	*Tamiasciurus douglasii mollipilosus*
灰噪鸦	gray Jay	*Perisoreus Canadensis*
大雕鸮	great horned owl	*Bubo Virginianus*
长嘴沼泽鹪鹩	marsh wren	*Cistothorus palustris*
哀鸽	mourning dove	*Zenaida macroura*[①]
苍鹰	northern goshawk	*Accipiter gentilis*[②]
北方斑林鸮	northern spotted owl	*Strix occidentalis caurina*
北美黑啄木鸟	pileated woodpecker	*Dryocopus pileatus*
北美浣熊	raccoon	*Procyon lotor*
赤狐	red fox	*Vulpes vulpes*
红尾鵟	red-tailed hawk	*Buteo jamaicensis*
西草地鹨	western meadowlark	*Sturnella neglecta*

来源：Hulse，Gregory，and Baker 2002，127。

---

① 英文版的 macroura 拼写错误，现已更正。——译者注
② 英文版的 gentilis 拼写错误，现已更正。——译者注

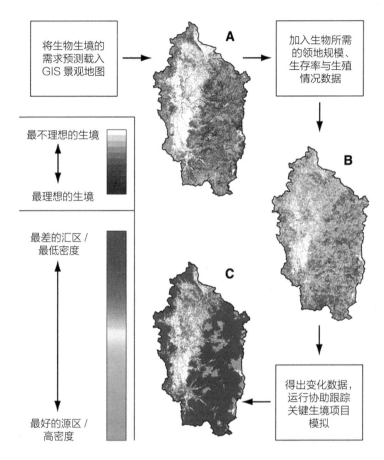

图 5.5　协助跟踪关键生境项目（PATCH）模型将生物的生境需求和生命史数据叠加，来确定特定物种的源区（source）和汇区（sink）。在这个案例中，地图 C 用绿色标记了库柏鹰（Accipiter cooperii）的源区以及用红色标记了库伯鹰的汇区[①]。白色区域不能支持种群的繁殖需求。

资料来源：被授权复制于俄勒冈州立大学出版社（Oregon State University Press）2002 年出版的《威拉米特河流域规划图集》（Willamette River Basin Planning Atlas）。

　　研究结果显示出一些有悖常理的结果，例如自然保育情景下的 2050 年西部草地鹨（Sturnella neglecta）结果显示，种群数目的大幅增加是源于生境质量略有改善，这清楚地表明了景观破碎化对生物多样性的影响。总体而言，在规划趋势情景和土地开发情景情况下，17 种物种发生衰退，物种分别损失 10% 和 39%（图 5.6 和图 5.7）。相比之下，自然保育情景中生境的物种数量增加了 31%（Hulse 2002）。赫尔斯写道："这项工作表明，对于已经处于生境丧失和破碎压力之下的野生生物物种，关于未来的不同选择可能对其长期存留的可能性至关重要。"（Hulse，Gregory，and Baker 2002，127）

---

① 英文版图名是"source（red）amd sink（green）areas"，经作者确认，应该是"source（green）amd sink（red）areas"。——译者注

图 5.6 以当前生境状态作为参考基准，这个模型显示了在 3 种情景下以及欧美裔定居前，该研究中失去（浅灰色）或获得（深灰色）生境的全部物种的百分比。自然保育 2050 情景和规划趋势 2050 情景之间存在 40% 的净差异，突出了生物多样性规划的潜在有效性。根据这些模型，如果当前的规划和土地使用趋势继续的话，流域中的 10% 物种到 2050 年将失去生境。

资料来源：被授权复制于俄勒冈州立大学出版社（Oregon State University Press）2002 年出版的《威拉米特河流域规划图集》（*Willamette River Basin Planning Atlas*）。

图 5.7 将生物多样性变化的数据转化为图像，通过空间形式的变化描绘出各个情景下物种数量的增减。橙色指示出物种多样性的减少。与欧美裔定居前时期相比，相较于规划趋势 2050 和自然保育 2050 的情景，土地开发 2050 情景显示出更严重的物种减少趋势。

资料来源：被授权复制于俄勒冈州立大学出版社（Oregon State University Press）2002 年出版的《威拉米特河流域规划图集》（*Willamette River Basin Planning Atlas*）。

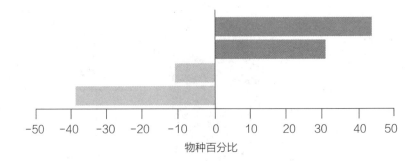

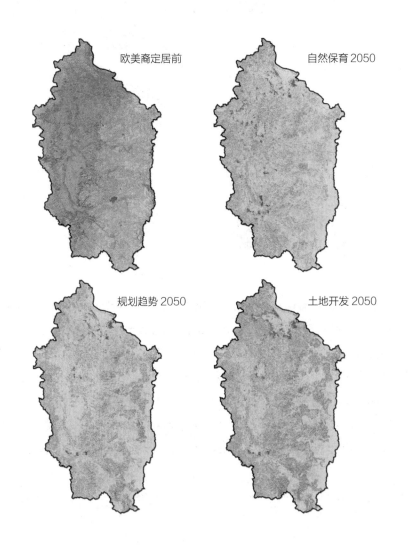

　　威拉米特未来的多元选择项目不仅检验了施加于陆生物种的影响，也预测了土地利用决策对水生生态系统的影响。这个研究采用多种工具测量了 130 条与威拉米特河关联的河段的水生生境状况。他们首先检查了本地鱼类丰富度（本地物种数量），开发出一个鱼类的生物完整性指数（Index of Biotic Integrity，缩写为 IBI），然后把该流域内鱼类总体指数和历史基准水平进行比较（图 5.8）。他们还使用 EPT，即蜉蝣（mayfly）（蜉蝣目，Ephemeroptera）、翅目石蝇（stonefly）（襀翅目，Plecoptera）和毛翅蝇（caddisfly）（毛翅目，Trichoptera），监测威拉米特无脊椎动物观察／预期指数（Willamette Invertebrate Observed/Expected Index），检查河流中的无脊椎动物种群的丰富性和基准状态。最后，他们绘制了每个河段的 4 个不同"影响区"的土地利用和土地覆盖图，范围包括从大尺度区域（汇水区）到局部场地（接壤上游河段的下游河段岸边各 393ft 即 120m 的滨水区）（图 5.9）（Hulse 2002；Van Sickle et al. 2004）。

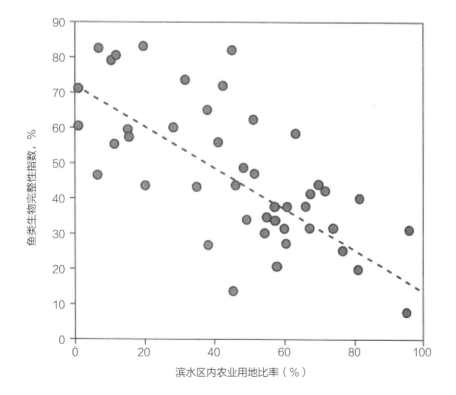

图 5.8　生物完整性指数（IBI）是一个衡量农业对于溪流质量影响的指标。将选定溪流中的鱼类种群总体健康状况与相同河流的历史数据进行比较，发现更高的生物完整性指数表明溪流拥有更健康的鱼类种群。这张图显示，当农业用地总量增加时，鱼类种群健康水平呈线性下降。这种反比关系提供了强有力的证据，表明集约型土地利用对生物多样性有着潜在的损害。
资料来源: 被授权复制于俄勒冈州立大学出版社（Oregon State University Press）2002 年出版的《威拉米特河流域规划图集》（*Willamette River Basin Planning Atlas*）。

图 5.9　在评估土地使用和土地覆盖情况对溪流的影响时涉及的区域：流域（红色），393ft（120m）的溪流缓冲带（也被称为水岸网络）。
资料来源：被授权复制于俄勒冈州立大学出版社（Oregon State University Press）2002 年出版的《威拉米特河流域规划图集》（*Willamette River Basin Planning Atlas*）。

所有这些数据都被编译成模型，通过统计学确定溪流指标和土地使用之间的关系。然后将这些模型与纳入农业、水库和其他流域影响的模型所生成的溪流流量数据结合起来。由此产生的模型预测了土地利用和土地覆盖变化对溪流生境质量的影响，并表明当河岸植被转变为农业或城市/住宅开发时，会产生重大的影响（图5.9），（Hulse 2002）。

项目后评价

很难明确测量威拉米特未来的多元选择项目的效果。参与者将这3种情景作为引导，但不指望其中任何一个能被全然认可为对未来的规划。相反，他们打算将注意力集中在议题以及去展示规划决策可能的影响，以帮助利益相关者之间达成一致的目的、工作重点、目标和战略方针（Baker et al. 2004）。然而，他们试图评估了他们是否达到了自己向公众提供有效、可用于促进规划的数据的目的。例如，威拉米特河谷宜居论坛于2001年4月在俄勒冈州立大学主办会议，以激发公众的兴趣为目的的报告了该项研究的成果（Risser 2002）。

这些研究结果还通过一份名为"未来在我们的手中"（The Future Is in Our Hands）的长达8页的专题文章刊登在2001年的《威拉米特纪事报》（*Willamette Chronicle*）上，并送达该流域的45万户居民家中。该专题把3个未来的多元选择的基本成果传播给了大量的受众，并快速地向很多人介绍了该流域的发展状况。保罗·里瑟尔赞美威拉米特未来的多元选择项目的成果，他说："经过仔细而审慎的努力，我们可以在增长的同时重新获得了20%～65%的自然生态功能，这些功能是我们在过去150年的密集使用威拉米特河流域的自然资源的时候失去了的"。公众也可以在互联网上和已出版图册上查阅这项研究的成果（Hulse，Gregory，and Baker 2002）。

显然，威拉米特未来的多元选择项目达到了向广大受众提供有用的数据的目的。该项目的发现和方法被用于威拉米特重建倡议的重建策略以及在"俄勒冈的1000个朋友"（1000 Friends of Oregon）审视未来商业用地开发的基础设施成本的过程中，还被联邦公路管理局（Federal Highway Administration）和俄勒冈州交通部（Oregon Department of Transportation）资助的多元选择的未来交通项目（Alternative Transportation Futures Project）中使用。这项研究也催生了许多新的地方流域理事会，现在全州认可的这类理事会超过了30个（Hulse 2002）。这些数据也已成功地纳入到具有影响景观层面变化的组织之中，如联邦公路管理局的规划战略。

这些情景在绘制完成后，并没有生物监测验证其合理性。斯坦·格里高利认为这样的监测是未来可以增加工作可信度的关键一环。他希望太平洋西北地区生态系统研究联盟创建一个监测项目。他设想是一个区域环境观测，类似于"哈勃太空望远镜转身向内"，跟踪流域内的土地所有权和土地管理中的变化，查看是否实现了预期的进程（Bastach，Gregory，and Vickerman 2002）。另外，尽管参与生成生物多样性数据的科学家们关注的是社区和生态系统，他们现在正试图通过着眼于特定物种（如当前公众关注的西草地鹨的议题），把以一种特定物种为导向的方法带回到工作之中（Bastach，Gregory，and Vickerman 2002）。

这个团队试图让科学研究与现实应用更加相关，以回应公众的关注，但是项目参与者在建立模型时遇到了很多冲突。在保育 2050 情景下，水变成了激烈的争论的商品：将更多河水留给鱼类意味着减少农业用水。利益冲突也出现在指定的（生态）重建区潜在的选址问题上。例如，当专家挑选作为依赖野火重建橡木稀树草原的场地的时候，他们遇到了新公路选址的难题（Baker 2002）。此外，正如萨拉·维克曼所指出，管理全流域政治实体的缺失成为实施该项目成果的主要障碍（Bastach，Gregory，and Vickerman 2002）。然而，对这样的过程而言，时间要求是社区参与常见的缺点。科学家们还列举了公众在创新方面集思广益的选择困难，以及他们不愿意从现有政策的不确定变化中考虑未来。琼·贝克认为这限制了 3 个情景的系列成果的产出，她主张尽早引入专家主导的设计，以激发民众对替代方案的想法（Baker 2002）。

第六章
佛罗里达州域绿道系统规划项目

佛罗里达州每年都失去超过 12 万 ac.（50 000hm^2）乡村土地用于发展（Hoctor et al. 2004）。为了应对这个开发趋势，佛罗里达州立法机关支持了一项州域绿道和径道系统项目。

绿道和径道系统维护自然景观和生态系统完整性的作用已经得到很多人的探讨，包括查尔斯·弗林克（Charles Flink）、罗伯特·西恩（Robert M. Searns）和劳瑞·施瓦茨（Loring LaB. Schwarz）的《绿道：规划设计与发展指导》（*Greenways: A Guide to Planning Design and Developtnent*）（1993）以及查尔斯·利特尔（Charles E. Little）的《美国绿道》（*Greenways for America*）（1995）。虽然存在更复杂的定义，根据本章的用意，"绿道"这个术语被定义为"出于自然保育和（或）游憩而加以管理和保护的线性开放空间"（Executive Summarg FDEP & FGCC 1998）。

在研究和设计这个绿道规划过程中，佛罗里达大学风景园林学系以及城市和区域规划学系是不可或缺的一部分。该项目使用了一个综合的景观策略，以"确保多样化的自然和文化资源议题得到考虑"，纳入了多种属性，如多尺度、考虑整个系统而不是特定场地的特点、涉及多个利益相关者和学科并考虑到时空环境（University of Florida 1999）。这些属性与本案例研究的结果即风景园林师在他们的工作中如何处理生物多样性的议题密切相关。

项目资料

佛罗里达州域绿道系统规划项目（Florida Statewide Greenways System Planning

Project）开始于 1995 年，作为佛罗里达绿道委员会（Florida Greenways Commission，缩写为 FGC）在 1993 ~ 1994 年开展的工作的延续。该项目在州域内开展，并分解为两个子系统：生态网络（Ecological Network）和休闲 / 文化网络（Recreational / Cultural Network）（图 6.1）（University of Florida 1999）。由于本案例研究的重点在于生物多样性规划，我们将主要关注佛罗里达生态网络（Florida Ecological Network，缩写为 FEN）的发展，尽管这两个网络并不是孤立的系统。

　　该项目是在 1995 ~ 1998 年分期发展的。1999 年，立法机构通过了一项名为 "绿道和径道连接佛罗里达州社区：佛罗里达州绿道和径道系统五年实施方案"（*Connecting Florida's Communities with Greenways and Trails: The Five Year Implementation Plan for the Florida Greenway and Trails System*）的行动计划。从那时起，佛罗里达生态网络的实施一直在进行，其中包括确定战略上重点保育的优先区域。佛罗里达大学的项目团队一直在更新佛罗里达生态网络，反映自项目开始以来的保育成就和土地利用变化。尽管该项目具有持续性，但本次讨论集中于 1995 ~ 1999 年这段时间内，即第一个州域绿道规划拟定的时间段。

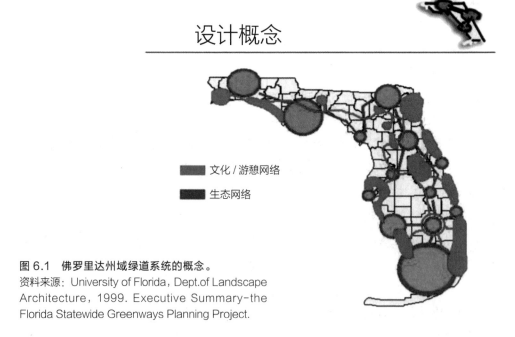

设计概念

文化 / 游憩网络

生态网络

图 6.1　佛罗里达州域绿道系统的概念。
资料来源：University of Florida, Dept.of Landscape Architecture, 1999. Executive Summary-the Florida Statewide Greenways Planning Project.

最初，佛罗里达州生态网络的开发是为了遵从佛罗里达州法规提出的几项要求。最关键的是，通过法令语言，表达了立法机构建立和扩大被称为"佛罗里达的绿道和径道系统"（Florida's Green ways and Trail System）的州域绿道和径道系统的意图。为达成这个目标，法律所规定的步骤包括：（1）指定佛罗里达州环境保护部（Florida Department of Environmental Protection，缩写为 FDEP）为主要领导机构；（2）建立佛罗里达绿道合作委员会（Florida Greenways Coordinating Council，缩写为 FGCC），协助佛罗里达州环境保护部。要求的行动包括制定五年实施方案、采用基准（数据）测量实施进度和编制绿道系统管理建议（详见：Florida Department of Environmental Protection and Florida Greenways Coordinating Council 1998）。

该项目的资金（1995～1999 年约 120 万美元）主要来自佛罗里达州交通运输部（Florida Department of Transportations，缩写为 FDOTs）受益于美国联邦的《陆上综合交通运输效率化法》（*Intermodal Surface Transportation Efficiency Act*，缩写为 ISTEA）规定的资金份额。在过去的 50 年里，佛罗里达州每天有 4.8mile（3km）的新公路被建成。显然，这样的建设水平很大地影响到了生态系统和生物多样性，佛罗里达州交通运输部正想方设法减少这些影响（Hoctor et al. 2004）。佛罗里达州交通运输部想识别景观资源，便于在建设道路的时候能够避开，以及探究使用径道作为一种可选择的交通模式的可能性，所以对这个特别的项目很感兴趣（Carr 2002）。作为领导机构，佛罗里达州环境保护部（FDEP）也为这个项目提供了一些资金。

项目参与者

这个项目是保育基金会（Conservation Fund）和"佛罗里达的 1 000 个朋友"（1 000 Friends of Florida）在 1991 年开始的工作的延续，当时这些组织创建佛罗里达绿道项目（Florida Greenways Project），试图建立一个全州范围内绿道支持者团体。他们还在社区和区域的层面上开创了若干绿道系统的原型项目。1993 年，州长劳顿·奇利斯（Lawton Chiles）设立了佛罗里达绿道委员会来回应这方面的努力。这个委员会负责确定绿道概念是否在公共政策中有一席之地，并且如果有的话，哪些原则对于有效实施至关重要。在 1994 年给州长的报告中，佛罗里达绿道委员会肯定了一个信念，即绿道能够推进佛罗里达州关于自然和文化遗产保护的行动，以及致力于户外休闲活动的用心。佛罗里达绿道委员会提出了有关绿道系统连接自然区和开放空间、保育自然景观和生态系统以及增加市民和游客的休闲娱乐机会的建议。为了回应这份报告，佛罗里达州立法机关在 1995 年创建佛罗里达绿道合作委员会，继续佛罗里达绿道委员会的工作，并在政策的实施上协助佛罗里达州环境保护部。佛罗里达绿道合作委员会是一个由 26 位公共和私人代表组成的机构，代表商业界、保护、土地所有者、休闲娱乐业、地方和联邦政府及州政府机构的利益（FDEP & FGCC 1998）。

绿道立法于 1995 年通过后，佛罗里达大学受托为当地绿道系统提交一个建议的设计／空间规划方案。这个方案的开发中运用了地理信息系统（GIS）决策支持模型（DSM），以便识别出佛罗里达州生态网络的最优先保护的区域。通过叠加多个数据层（代表了诸如无路区、土地利用和土地覆盖、物种生境等）创建用于佛罗里达生态网络的优先保护区地图，地理信息系统模型提供了辨识和排序生态敏感地区的坚实科学基础。该项目主要设立在佛罗里达大学风景园林学系，其他部门的人员也积极参与其中；主要研究者有玛格丽特（佩吉）·卡尔〔Margaret（Peggy）Carr，风景园林学系教授〕、马克·本尼迪克特（Mark Benedict，风景园林学系副研究员）、托马斯·霍克特（Thomas Hoctor，野生生物生态和保护学系博士候选人）和保罗·茨威格（Paul Zwick，城市和区域规划学系教授）。

作为唯一参与的风景园林师，佩吉·卡尔教授形容她的职责是"整合团队"，并确定完成所有工作的决策过程。设计原则通过整合多方利益，来使项目及其参与者成为一体。这个过程包括建立目的和目标，分析并整合资源目录，创建可选择的情景，衡量项目实现其目的和目标的进度。卡尔教授对项目的伦理基础特别感兴趣。她认为，规划一个成功的绿道应该考虑人们的互动，因为人类的福祉总是依赖于机能健全的生态系统。她认为理想的方法之一，就是结合目前人类对健康生态系统长期依赖形成的需求（例如休闲娱乐机会）。她断言，这就是为什么项目需要风景园林师的参与——因为参与的科学家是"极端自然环境保护主义者"，将注意力集中在项目的生态方面，而游憩专家专注于眼前人们对绿道的使用。风景园林师参与在规划的发展中，会将两方面的需求结合在一起，创造具有多种用途和功能的绿道规划（Carr 2002）。

在决策支持模型的发展过程中，组建了一个大型技术咨询团队，以便提供同行评审和测试模型假说。团队成员包括自然资源机构和非政府组织的代表。第一阶段涉及应用模型和生成佛罗里达州生态网络地图。名为"决策支持模型成果"（Decision Support Model Results）的第一阶段成果已经公开发布。

第二阶段包括公民以及来自地方政府、佛罗里达州的 5 个水域管理区、木材和农业利益相关方、保护和休闲娱乐行业非政府组织的代表。卡尔教授专门参与了这些会议，充当"翻译者"，解释相关的技术信息，试图帮助市民将绿道规划的结果可视化。第二阶段的成果被称为"经公众意见修改后的决策支持模型结果"（Decision Support Model Results as Modified by Public Comment）。

第三阶段，即最后阶段，涉及土地所有者的审查，土地所有者被允许将私人土地从佛罗里达州生态网络地图中移除。第三阶段的成果名为"按照公众评论和私人土地所有者意见修改后的模型结果"（Model Results as Modified by Public Comment and Private Landowner Comment）。然而，第二阶段的成果"经公众意见修改的决策支持模型结果"是一个更完整的佛罗里达州生态网络的代表，因为它们认定了重要的生态和游憩的"枢纽"（hubs）与"联结"（linkages）（Carr 2002；Hoctor 2002；FDEP & FGCC 1998）。

佛罗里达州生态网络最初是在 1999 年作为佛罗里达州的生态机遇网络（Florida Ecological Opportunities Network）被采纳的。并于 2004 年作了如下更新：1）包含在 1999 年和 2004 年之间进行保育征收（的地区）；2）排除最初发现有保育潜力，但在 1999 年和 2004 年之间被转换为城市用地的地区；3）包含了由于确定生态潜力标准的变化，原先未被纳入的一些地区的牧场（图 6.2）。

一旦佛罗里达州通过了 2004 年的生态网络，2005 年就对其进行了评估并确定了优先次序。第一优先级的土地是那些在大片完整斑块中并与现有重要保护地相邻的土地。第二优先级的土地，是那些如果得到保护将可以提供从佛罗里达州南部到西部狭长地带连续性的生态连接的土地。第三优先级的土地是那些能增强关键廊道或能增加其富余量的土地。第四优先级的土地大多能加强佛罗里达州北部的河流保护区。第五优先级的土地大多是已经被改变为农田的有潜力提供生态连接的土地，但其现存的生态完整性低于更高优先级的地区。第六优先级的土地大多是现有的生产景观（working landscapes），是可以增强或增加其他被提议保护的土地的连接度（图 6.3）。

图6.2 2004年的佛罗里达州生态
网络。
资料来源：T. Hoctor et al. 2004。

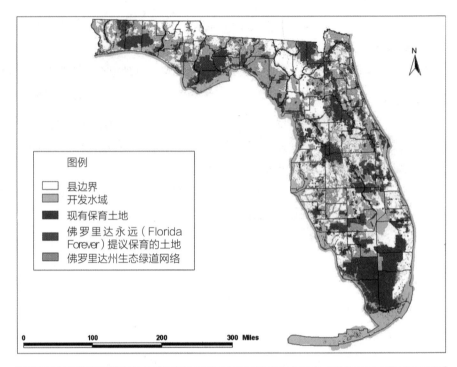

图6.3 佛罗里达州生态网络优先
次序。
资料来源：T. Hoctor，M. Carr,
and J. Teisinger，2005。

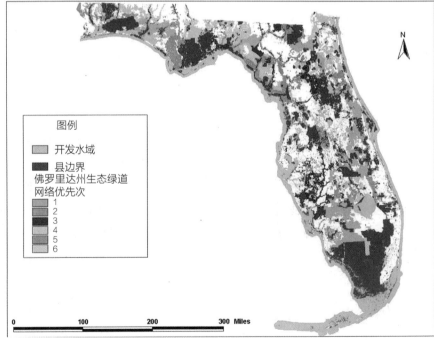

项目愿景与目标

　　佛罗里达州域绿道系统规划项目是一个大规模的项目，涉及许多参与者，并且有一些既定的目的和目标。总体目的是创造一个"绿色基础设施"来连接"自然区域和开放空间，保护原生景观和生态系统并为全州提供休闲娱乐的机会"（FDEP & FGCC 1998）。在审查1994年给州长的报告（the 1994 Report to the Governor）中所描述的目的之后，佛罗里达大学的研究团队制定了更多目的，以明确他们将采取的方向。考虑到这一点，佛罗里达大学"第二阶段最终报告"（Final Report，Phase II）规定的总体目的是，在遵从佛罗里达绿道委员会1994年12月给州长的报告中提出的指导方针的同时，结合地理信息系统建模的结果和公众意见，为全州绿道系统制定一个空间规划方案。

　　引导佛罗里达州生态网络发展具体目的和目标，是使用区域景观的途径设计一个具有生态作用的全州绿道系统：

- 保育佛罗里达州自然的生态系统和景观的关键要素；
- 重建和维护自然的生态系统和过程的连接；
- 促进这些生态系统和景观以动态系统方式运行的能力；
- 维护这些生态系统的进化潜力，以适应未来环境的变化（University of Florida 1999）。

　　托马斯·霍克特将佛罗里达州生态网络的目标简化为以下内容："确定所有要素如何结合在一起，从而选择可行的地区保育生物多样性"（Hoctor 2002）。这种粗滤器方法旨在保护整个生态系统，而不是专注于单个物种。这样，普通物种和受威胁物种都会与其生境一起得到保护。该项目的实施将会保持州域的连接度，保育构成佛罗里达州的自然生态系统不可或缺的动植物。考虑到佛罗里达州惊人的城市化速度和在美国排名第三的被联邦政府列为濒危和受威胁的庞大物种数量，该项目尤其重要。

　　佛罗里达州的一些较为脆弱的生态系统和物种的持续存在取决于干扰的远离。因此，需要仔细规划和管理这些区域的人类使用情况。图6.2显示的是由规划过程得到的佛罗里达州生态网络地图。如前所述，绿道系统需要实现保护自然的景观和生态系统以及提供市民和游客的休闲娱乐机会的双重目的。卡尔教授将生态网络描述为可以支持系统其他部分的基础，包括线性的游憩和文化的遗产。有必要先确定应该保留的区域，避免人类的大量使用，然后指定用来进行适当的休闲娱乐区域（Carr 2002）。通过遵循这一过程，可以识别出在生物多样性方面具有高优先级地位的特别敏感的地区，并且如有必要可以被"搁置"，而其他地区则可以成功地用于生境、生态系统保护区和人类游憩活动。

公私伙伴关系和合作

佛罗里达州域绿道系统规划项目是在多个层面上的协同努力。整体项目包含环境保护部、佛罗里达绿道合作委员会（其本身包括几个不同的公共和私营部门的成员）、佛罗里达大学、佛罗里达运输部以及许多其他的合作伙伴关系。公共机构、公民、公共土地所有者都有机会参与到项目远景的制定，并在后来提出了建议。

普通民众和私人土地所有者大多直接参与决策支持模型发展之后的 20 多个工作组会议，彻底检验模型的"产品"（Hoctor et al. 2004）。在这些会议上，普通民众对决策支持模型的修改很少，尽管土地所有者们可以选择把他们的土地从生态网络中移除——有人确实这样做了。径道网络的设计，在另一方面，则受到公众的高度影响。地理信息系统建模似乎在设计一个州域范围内的径道网络的有效性方面不如设计一个生态网络，而个人经验和公众意见为径道设计提供了所需的细节（Carr 2002）。在审查过程中，大自然保护协会、公共土地信托基金会和"佛罗里达州的 1 000 个朋友"也参与其中。

私有土地产权的议题被证明是该项目最大的绊脚石。一些大型土地所有者的律师开始积极参与审查过程，阻止任何监管机构参与测绘工作。很多专门会议是为土地所有者及其律师举行的，以解决他们的担忧。佛罗里达州生态网络自始至终缺乏权威的监管机构，这并没有给项目设计师或机构代表造成困扰，因为他们从一开始就明白，该项目将以公私伙伴关系的方式向前发展。然而，土地产权是一个意料之外令人恼火的议题，消耗了参与者大量的时间和精力（Carr 2002）。

生物多样性数据议题与规划策略

如霍克特等所描述："在佛罗里达州，自20世纪80年代起，综合性的自然保护区设计原则就开始被推进，作为一种手段，在面对快速的人口增长和生境破碎化问题时有效地保育了生物多样性。"（2000，985）。佛罗里达大学研究团队在发展决策支持模型的时候，在很大程度上依赖现有证实重要的生物多样性保育区域的数据。在1980年代末，佛罗里达州狩猎野生动物和淡水鱼类委员会（Florida Game and Fresh Water Fish Commission，FWC），现在被称为佛罗里达州鱼类和野生动物保护委员会（Florida Fish and Wildlife Conservation Commission），对一定数量的目标种或指示种进行隙地分析和可行性评估。吉姆·考克斯（Jim Cox）和兰迪·考茨（Randy Kautz）在1994年为佛罗里达州野禽和淡水鱼类委员会进行的一项名为"隙地封闭"（Closing the Gaps）研究中，检查了焦点种——例如那些分布广泛的物种，或者那些可能作为特定群落的指示种（表1.3）。

这些可行性研究为佛罗里达州生态网络的开发提供了良好的基础。事实上，即使现在，它们也超越了其他州同类型的研究，因为佛罗里达州对当地物种的信息量的掌握远远超过了其他大多数州对本地物种的收集（Hoctor，Carr and Zwick 2000；Hoctor 2002）。更多关于决策支持模型的数据来自于自然遗产项目（Natural Heritage Program），即现在被称为佛罗里达自然地区清单（Florida Natural Areas Inventory），包括用于识别具有保护价值地区的航拍照片的分析。与数据采集相关的主要问题是时效性；当收集的遥感土地覆盖数据被彻底地分析时，通常已经过去了5年或10年。这是一个在任何地方使用地理信息系统应用程序数据都存在的问题。虽然研究人员使用了20世纪80年代末和90年代初的遥感数据，他们还利用1995～1996年的SPOT影像来识别新开发的地区，并从该研究中排除这些地区（Hoctor 2002）。

该决策支持模型包括四个步骤：（1）确定具有生态意义的区域；（2）选择枢纽（hubs）；（3）确定联结（linkages）；（4）通过结合已确认的枢纽和联结创建佛罗里达州生态网络（图6.2；Hoctor et al. 2004）。这个模型使用了被称为最低成本路径建模（least-cost path modeling）的地理信息系统处理程序，通过确定成本面（cost surfaces）〔在报告中被称为"适用性表面"（suitability surfaces）〕，并把它们应用到 ArcInfo GRID 模块来识别最佳的联结。通过这样的分析，2 300万 ac.（930万 hm²）的土地，或者说

57.5% 的州域，被纳入佛罗里达州生态网络。其中，有 1 180 万 ac.（480 万 hm²）属于公共土地、私人保护地或开放水域。图 6.3 所示的是绿道规划对多种生态群落类型的影响，那些被标记的（地区）将会在规划中享有更多的保护。

　　研究者认为，这种保护大部分完好的自然和半自然景观的方法可能会是一个很好的粗滤器方法，虽然还需要其他努力来充分保护这个州的生物多样性。佛罗里达州最罕见的自然群落和物种现已在佛罗里达州生态网络和现有保护区中得到体现（Hoctor，Carr，and Zwick 2000）。佛罗里达大学研究团队指出，这个优先排序重要生境和保护一个自然保护区系统的方法已经在佛罗里达州进行了一段时间了。然而，这个项目所取得的进展，是"将系统的生态意义的景观分析与识别关键的景观联结结合起来，这个结合方式可以复制，可以通过新数据增进，并可以应用于不同尺度的区域"（Hoctor et al. 2004，197）。

项目后评价

　　佛罗里达州域绿道和径道系统被公众广泛接受，在很大程度上是因为其很高的游憩价值和生态价值。由私人土地所有者引起的土地产权议题损害了公众对该项目的接受程度，并给佛罗里达州环境保护部和其他州立机构带来了压力，使公众质疑在佛罗里达州的经济发展非常重要的时候对如此大片土地的保护是否正确。然而，必须指出的是，正如私人土地还是出现在最终的绿道地图上所示，即使面对这样大的反对，该项目也已取得了相当大的成功。大多数私有土地产权问题现在已经得到解决，并且生态连接度和保护大规模景观联结的想法已经被列入佛罗里达州大部分土地保育规划的重要目标（Carr 2002；Hoctor 2002）。

　　五年实施规划的制定并不意味着佛罗里达州生态联结规划的终结。相反，它是一个持续的过程，会不断地进行评估和修订。这个过程中的一些要素，被包含并更新到佛罗里达州生态网络中，持续用于重新确定收购和保护土地的优先次序、年度关键联结区域的鉴定、各种机构开展的评估以及新的伙伴关系的建立。佛罗里达绿道合作委员会被授权创建衡量项目成果的基准。这些基准，如《以绿道和径道连接佛罗里达州的社区》（*Connecting Florida's Communities with Greenways and Trails*）（FDEP & FGCC 1998）中所述，如下：

1. 建立一个从佛罗里达州的一端到另一端的连续的绿道和径道系统。这个系统的尺度用亩与英里衡量。

2. 保持绿道和径道内的资源，使其在未来仍然适合名副其实。

3. 确保所有的佛罗里达州公民能在15分钟内到达一条绿道或径道。

4. 确保95%到达公共绿道或径道的游客都能感到满意。

未来的工作是需要维护和保护佛罗里达州生态网络。对于黑熊（*Ursus amerkanus*）和佛罗里达州黑豹（*Puma concolor coryi*）这2个生存和繁殖依赖于连接度比较高的大面积土地的伞护种需要进行单独的物种分析。同时，还需要识别核心区、廊道和缓冲区（注意，核心区与枢纽不同，核心区是被管理的区域，而枢纽是未受管理的目的地）。提高人类的发展，还需要关闭公共区域内不必要的道路；保护高优先级土地不被从保育转换为集约利用；同时避免大型的新公路建设项目（Hoctor, Carr, and Zwick 2000）。佛罗里达州研究团队已经成功地主动与佛罗里达州交通运输部协调，将具有高影响力的人类使用布置在对野生动物破坏最小的地区。事实上，佛罗里达州交通运输部正与佛罗里达大学野生动物生态与保育学系的博士研究生丹·史密斯（Dan Smith）合作，以确定道路在哪些地方穿过佛罗里达生态网络的关键点，以及哪些缓解措施可以用来减少道路对环境的影响。这项研究的目的是，通过在适当的地点修建野生动物走廊和地下通道，避开关键区域，减少道路死亡（Hoctor 2002）。

本项目中出现的几个议题，主要涉及数据收集和分析，与所有在工作中处理生物多样性的风景园林师相关。例如，虽然地理信息系统作为景观规划中一个不可或缺的工具正蓄势待发，但它在几个层面上可能会过于复杂。有时，它会提供超出必要的过多细节，或者可能无法满足规划实施后使用该空间的人员的需求。此外，使用地理信息系统时需要大量时间收集、输入和纠正数据，这会意味着生物多样性规划项目所依赖的土地利用数据不是最新的。然而，地理信息系统在景观规划中的使用——尤其是作为一个标记敏感生境和生态系统的工具，使解决这些问题的努力是值得的。事实上，根据卡尔教授的说法，不使用地理信息系统就不应该进行这种类型和规模的项目。对于政府和私人规划工作而言，这已成为现实，地理信息系统技术正在迅速地变得更加用户友好，数据的可用性、准确性和通用性正在得到迅速和持续的改进。

物种选择是另一个复杂的数据议题；并不存在公认的"最佳选择"的方法来确定哪些物种或生态系统需要保育。通常情况下，它取决于风景园林师和参与咨询的生态学家作出一个明智的决定：在特定区域中考虑什么是最重要或最完整的。佛罗里达州域绿道项目同时使用大量广泛的物种以及具有特定保护意义的物种，来帮助确定具有生态意义的区域。对于这种规模的项目，多物种分析的做法是恰当的。

最后，佛罗里达州域绿道项目表明，公众参与生态要素组成的项目，会产生有益的见解，也会使项目复杂化。例如，拥有高优先级土地的私人土地所有者并不总是愿意预留土地作为保育使用。另一方面，公众参与到径道系统发展过程中，将团队带领到他们没有预料到的方向——他们发现有必要在市民的体验和意见方面给予更多的权重，而不是在地理信息系统模型中的发现。这表明，风景园林师在处理影响文化和生态这两种类型的系统的项目上，需要对文化和生态价值保持着同样的敏感性。霍克特等人（Hoctor et al. 2004，200）为生物多样性规划时出现的难题提供了基本解决方案：

显而易见，有效保育生物多样性和其他自然资源需要一个大规模、综合和全面的不侵犯私有土地产权的方法。完善这样的做法需要地方参与和决策相结合，建立一个自上而下的规划和监督体系，全面识别州域内重要的生态资源，推进同时满足当地的需求以及保护州域内的国家遗产和生态服务的土地利用决策。

另外，霍克特等人（Hoctor et al. 2004，189）解释，绿道项目使用景观途径的基本原理是："通过使用区域保育规划原则以及保护目标物种和自然群落所需区域的信息相结合所引导的景观途径，可以确定一个有效地保育佛罗里达州生物多样性和其他自然资源的功能性的保护区网络"。重要的是，要从多个尺度、多个角度解决问题，并尽可能多地提供多种功能。对于大型的州域项目（如佛罗里达州域绿道项目），以及较小的项目，都是如此。通常情况下，风景园林师必须汇集相关各方的不同意见，为该项目建立一个平衡和多用途的愿景。

第七章
结论与讨论

　　了解生物多样性是风景园林师和规划师的基本能力，本质上，大多数的规划与设计行为经常会在无意中改变空间配置、生态模式以及与之相关的过程。我们的研究发现，当生物多样性规划和设计在与其他目标相结合时最为成功，包括环境教育、减轻不良环境影响、法规遵循。风景园林师和规划师因为具有综合处理信息和将复杂信息可视化的能力、对建造过程的熟悉程度、促进公众参与的能力以及执行和管理跨学科项目的专业能力而受到认可。我们的研究还发现，在大规模的公共政策相关以及在监管和机构授权的项目中，生物多样性通常很重要。

　　项目和特定场地的数据往往不够完整，以至于无法明确地支持规划与设计决定——这是与所需数据的特定地点和物种的特性相关的固有问题。尽管普遍缺乏用于规划与设计的完备数据，项目监测仍然很少执行，主要因为成本和便利性的限制，但也是由于对监测价值的普遍忽视。这种情况是十分不幸的，因为它限制了风景园林师与规划师在他们构思、设计和建造的项目中的持续参与——同时也使他们无法了解到项目是否达到了他们预期目的。缺乏监测导致错失了很多机会：1）为科学贡献新知识；2）允许规划师和设计师扩大与科学家和决策者的跨学科合作；3）发展和完善规划战略并设计应对措施，以便在一系列背景关联和项目类型中能更有效地解决生物多样性问题。

　　要成为更加积极的参与者，风景园林师和规划师必须更加熟知生物多样性规划与设计的议题、术语和方法。他们需要理解复杂的代表物种的选择以及如何在物种或者生境组合、生态模型中运用一种选定的方法。本研究中引用的参考文献提供了一个起点。也许需要将这些知识结合到风景园林教育中，并添加到专业资格注册的要求中，将其与保护公共健康、安全和福祉的基本原则关联起来。

　　将生物多样性保护作为项目的附加目标也会帮助风景园林师和规划师获得更加广泛的支持，并与其他机构结成伙伴关系，促进协助景观规划如水资源规划、农业和木材生产以及提升社区和文化的粘合力等方面的工作。

关于本案例研究命题的讨论

通过组织和开展这5个案例研究探讨了关于风景园林规划和设计的4项基本命题：

命题1
农村、郊区和城市地区都需要生物多样性规划。

　　生物多样性是存在于人类占用和活动很少的偏远地区的重要议题，还是存在于人类活动占主导的城镇的合法要求？这个问题的答案对于在未来的生物多样性规划和设计中风景园林师和规划师应该扮演的角色有着重要的启示。如果生物多样性设计在城乡连续体中都有需求的话，它可能代表着一个重要的，甚至是前所未有的专业机会，这揭示了专业实践的一个新的分支和风景园林规划教育的相关知识领域。总的来说，这项研究发现生物多样性规划在大型尺度的景观规划中必不可少，同时在精细尺度的风景园林项目中也逐渐被认可。

　　坐落在西雅图市内的伍德兰公园动物园，利用它的使命展示了生物多样性的重要性，并且教育了处在高度城市化环境中的广大公众。每年有超过200万游客参观这座动物园，使它具有巨大的潜能来影响公众对生物多样性和与之相关的全球生态生境的理解。

　　戴文斯联邦医药监狱坐落在乡郊地区，公众强烈关注项目对环境的影响（包括生物多样性）。这个项目的风景园林师认识到一个适时引进生物多样性作为项目目标以帮助推进许可与审批进程的独特机会。戴文斯项目也示范了一个建设项目如何超越仅仅通过重建和增加现场生境的质量和数量来使现场影响最小化的目标（即净增益），增强了下游水域的生态生境价值。

　　克罗斯温湿地将一项城市需求（机场扩建）和一处城乡交界处的资源（克罗斯温湿地场地）连接起来，并在这个过程中满足了一个都市区域的需求（县公园）。这个项目揭示了一个为了缓解原址压力的城市建设项目如何在城乡交界处创造出具有意义的机会。这个大型尺度的补偿项目提出了设计伦理议题，展现了与毁坏的、无视环境的项目相比湿地所创造的价值。如何衡量这样的成功，而这样的状况能持续多久？还有，或许更重要的是，从中吸取的教训如何与他人进行交流，以使得未来的项目受益？

　　威拉米特河未来的多元选择项目针对一条跨越城市到乡村地域的重要河流的流域可能存在的广泛规划议题进行了论述。像美国的大部分区域一样，这个流域正在经历从农业经济向服务型经济转变的根本性经济变革。这样的转变促使土地使用发生变化，这对流域内的生物多样性有着重要意义。正如各种景观状况的未来情景所展示的，除非采取主动的规划战略，否则这片区域将丧失生物多样性。威拉米特河项目的研究将生物多样性作为标尺来衡量多种未来的多元选择的结果，并以此确定保护或重建生物多样性的最佳位置，作为未来替代方案的一部分。

　　佛罗里达州域绿道系统跨域了整个州，并在乡野、城郊和城市环境中对生物多样性和游憩资源进行排序。尽管在这个系统中，为了保持生物多样性，多数高优先级地区面积至少要达到 2 470ac.（1 000hm^2），但也确定并指定了一些小型和孤立的优先级地区。大多数用于生物多样性保育的高优先级区域位于乡野和偏远地区，而小型的优先级区域则通常坐落于城郊或城市环境中。鉴于该系统大多是绿道规划，将较小的城市和较大的乡野地区联系起来是州域规划背后的核心创新理念。这样的联结整合了城乡连续体中的资源。

　　这些案例研究无论从个体还是从整体来看都支持了这个命题：即生物多样性在城乡连续体中是十分必要的。它们还表明了风景园林师和规划师需要了解多个尺度的生物多样性的等级性质，这种等级性为生物多样性项目的创建提供了特定的背景。

命题 2
在未退化生境变得稀少的情况下，风景园林师和规划师将在
生物多样性规划和重建生态中发挥更重要的作用。

　　这个命题旨在验证当需要或强制重建或创建栖息时，风景园林师能够对生物多样性做出重大贡献的假设。在这些特定的项目中，风景园林师在建造和植被管理方面带来了独特的专业技能。

　　尽管动物园无法被看作是一处真正的生态环境重建地，但展览可以代表一种为独

特物种进行的生境营造（尤其是根据景观沉浸理念设计的展示环境），并且可能潜在地提供新的知识引导其他地方的自然野生生境的重建。

克罗斯温湿地本质上是一个生态重建项目，在它建成之时，它是全美最大的湿地补偿项目。风景园林师们带领着一支大规模的跨学科团队提出了新的观念，并付诸行动以实现项目的目标。该项目同时还创造了扩展生态补偿需求的机会，增加了公共使用和环境教育的收益。

乡野土地的减少和寻找低影响发展方式的迫切要求，使得佛罗里达大学的风景园林师们参与到佛罗里达绿道规划中来。风景园林师们成为斡旋者，调节包括土地拥有者、生物学家、社会科学家和开发商这些各自关注诉求的特殊利益集团之间的关系。

戴文斯项目位于美国陆军营地的一个前高尔夫球场，包含一个被列入有毒废物堆场污染清除基金清单的场地，实质是生态重建的项目。研究显示自然系统的保护、增强和重建能为雨洪管理提供最经济并且生态方面最为可靠的技术（Barrent 1997）。起初，联邦监狱局计划在整个 300ac.（121hm^2）的地块上修建设施，直到该项目的设计师提出新的计划，通过在受到了干扰的 45ac.（18.2hm^2）土地上组织需要的设施，减少了建筑的无限制扩张，保护了开放空间。

威拉米特河未来的多元选择项目展示了可选择的将来的可能性与生物多样性和水质之间的因果关系。研究中生成的模型将被明确用于指导整个流域内持续的滨水区重建工作。

总体而言，这些案例研究展示了风景园林师们如何将管理技能引入项目，将人类需求与环境需求相结合，实现互惠互利。研究同时表明当风景园林师参与到受干扰的土地项目的时候，他们有能力创造性地解决美学和环境问题，并使生物多样性效益最大化。在这些方面，风景园林师具有为科学和重建生态实践做出贡献的重要能力。

命题 3
明确属于项目任务或设计过程的生物多样性目的更有可能被实现。

这个命题论述了生物多样性在具有多重目的的项目中的相对重要性。作为一项基本目的，生物多样性应该影响从概念到实施的整个过程。然而，项目对生物多样性的影响只能通过长期监测来评估。

生物多样性是伍德兰公园动物园远景规划的基本目的。动物园代表了生物多样性保护的新前沿，尽管它们的作用通常是间接的。如戴维·汉考克斯（David Hancocks）（2001，177）所解释的那样，动物园需要重新审视它们的目的和宗旨。动物园参观者应该能够看到并了解生态系统中物种间的相互关系。动物园应该让参观者了解生物多样性的重要性——即便这样做只是为了人类福祉。

在戴文斯项目中，相对雨洪管理来说，生物多样性目的是次要的。水质和生境的创建从一开始就是主要目的，这一事实确保了项目关键的水文学方面的内容在更广泛的生物多样性和重建背景下得到理解和设计。然而，由于生物多样性并不是一项明确的项目目的，自项目完成以来没有对其进行系统监测，因此该项目在生物多样性方面的影响只能依靠推测。

克罗斯温湿地是一项有着明确生物多样性目标的强制性湿地补偿项目。机场场地内主要的湿地损失为场地外的湿地重建设立了明确的目的，这些目的构成了项目的所有阶段：评估、规划、设计、建设和监测。生物多样性的考虑影响了项目的各个方面，并成为项目成功的主要原因——这在项目完成后的监测中得到证实。

威拉米特河未来的多元选择项目着重于理解和模拟城市增长对于生态环境和水体质量的影响。由于生物多样性问题构成了这个项目的核心，因此更有可能将其纳入使用项目数据和建议的其他单位的工作中。因此，生物多样性更有机会通过在河流流域范围内的规划加以保护。测试将用于评估这个项目在公众理解和对规划策略支持方面的影响，并且可以全面和长期地监测生物多样性。

在佛罗里达州域绿道规划中，生物多样性逐渐成为绿道规划中关键的因素。在佛罗里达州生态网络被设计之后，它成为整合互补目的的基础，包括徒步的小径、休憩活动和可选择的交通方式。在本研究期间，这个生态网络项目正在被实施，生物多样性是其不可或缺的组成部分。

总而言之，当被定义为项目的基本目的时候，这些案例共同验证了生物多样性更可能在项目的其他方面和目的中占据优势。研究表明，这一趋势在不同区域和环境下的各类项目中趋于相同。我们能得到的结论是，生物多样性规划和设计是一个快速增长的领域，并且经常会推动许多涉及风景园林师和规划师参与的项目。这些案例还展示了风景园林师和规划师如何管理具有多重目的的项目，并为生物多样性项目增添价值，这通常是项目认可、批准和资助过程中的关键。

命题 4

将生物多样性信息与规划设计过程整合，有助于更好地平衡土地使用和自然环境，提高公众对生物多样性之于人类价值的认识。

这个命题旨在了解这些案例对人与自然关系和生物多样性认识的影响程度。我们询问规划和设计的专业人员是否了解生物多样性的重要性和影响，如果了解的话，他们现在如何处理此类情况？他们将来又会如何应对？

通过景观沉浸和文化共鸣，伍德兰公园动物园直接而明确地增强了人们对自然及其中生物的了解和尊重。以这种方式设计的动物园已经被证明可以增加人类的同情并引导支持野生动物的行动。

戴文斯雨洪项目引起了设计专业人员的关注，使他们意识到雨洪补偿项目如何能够有机会改善野生生境。此外，这个项目已经被当作大规模的戴文斯场地其他开发活动的典范。有趣的是，在案例研究访问期间，在联邦医药监狱设施中遇到的工人们似乎开始对野生生物产生兴趣，并直接了解到场地内水生生态生境重建的潜能。

克罗斯温湿地展现了风景园林师在土地利用和人类环境之间建立更具建设性的秩序的潜能。这片沼泽现在是许多物种和群落的生境，并通过其公共使用的项目增强人类对野生动物的认识。

通过强有力和经过数据验证的模型，威拉米特河未来的多元选择项目证明城市化引起的生境减少或退化会对种群数量和物种健康产生负面的影响。如果将动物物种的多样性和生存能力看作是广义上的环境状况的指标的话，这个项目暗示着，如果当前的趋势继续或者放宽保育规划政策，人类健康和福祉将受到影响。由于该项目的一个基本关注点是为区域和地方的规划部门提供可靠和合理的数据，这些发现是如何被用于引导威拉米特河流域内的规划还有待观察。包括俄勒冈州运输部和联邦高速路管理局在内的几家其他规划单位，已经将这个项目的研究结果整合到他们的工作中去了。

佛罗里达州域绿道项目表明，一个快速发展的州可以将生物多样性保护作为规划优先的事项，并能将其与多用途的全州规划结合。这个项目的有效性最终将通过对土地使用和改变、受保育土地数量、游憩与保育的整合以及生态系统多样性的长期监测来检验。

生物多样性对人类至关重要。从广义上讲，生物多样性包含所有形式的生命以及生命依赖的过程和功能。矛盾的是，尽管我们作为人类依赖着生物多样性来维持生存，我们同时也要为全球史无前例的生物多样性衰退负责。显然，重要的工作仍有待完成。美国风景园林师协会的生境政策（American Society of Landscape Architects' habitat policy）、美国规划协会的职业伦理准则（American Planning Association's Code of Professional Ethics），以及生态重建协会（Society for Ecological Restoration）的使命都阐明了将生态信息和知识纳入涉及生物多样性项目中的价值和重要性。这些回顾的案例研究为证明风景园林师和规划师已经积极参与到这项重要工作中提供了强有力的证据。

风景园林师和规划师如何在工作中处理生物多样性问题？

人类活动对生物多样性的消极影响可能有 3 个主要方面：导致生境减少或破碎，引入侵略性物种和诱发全球气候变化。所有这些都可以直接或间接地受到风景园林师和规划师作出的决定的影响。在世界自然保护大会创建的森林保护项目（World Conservation Programme's Forest Conservation Programme）[①] 的一份出版物《景观中的联结》（*Linkages in the Landscape*）中，安德鲁·F. 贝内特（Andrew F. Bennett）（1999）提出了生物多样性规划和设计的 4 项基本策略：

1. 扩大受保护的生境面积；
2. 最大限度地提高现有生境的质量；
3. 使周边土地使用的影响最小化；
4. 促进自然生境的连接度，以抵消其被隔离的影响。

虽然认同上述所有 4 项策略的好处，但起到协同作用的促进连接度是应该最优先考虑的问题。贝内特（Bennett 1999，156）声称："连接度在保育策略中的显著作用是将生境'紧密联结'在一起，成为一个联结系统以重建景观中动物和植物的自然流动和交换。"连接度被定义为"景观中促进或阻碍资源斑块之间移动的程度"（Bennett

---

① 英文版是 World Conservation Programme's Forest Conservation Programme，经作者确认，正确应为 World Conservation Congress' Forest Conservation Programme。——译者注

1999，156）。联结有很多目的，包括作为适宜的生境和资源（水、养分）与动物流动的区域起到相应的作用。日常的、迁徙的、疏散的和分布区域扩大的运动都可以由于联结的存在得到帮助，这使它们成为对设计师有用的工具。

联结可以被分为 3 类：生境廊道（habitat corridors）——通过连续的连接来帮助动物通过不适合居住的环境；踏脚石（stepping stones）——允许物种通过受干扰区域做短暂运动的残留斑块；以及生境镶嵌体（habitat mosaics）——这些地方植被的不同状态没有很好地被界定，是沿着边界的一个混合区域。廊道是最适合在地上移动的动物和无法通过不同于它们生存环境的生物（例如无法通过公路的两栖动物和爬行动物）。不同形式的生境廊道包括自然廊道（如溪谷）、残余的联结（如农业区的栅栏所在及周边的未耕种的土地）、再生廊道（如被遗弃的铁路）、种植廊道（如树篱）和受干扰廊道（如输电线路和路旁）。踏脚石是飞行动物尤其是候鸟十分喜爱的。它们可能是一连串的自然斑块（如湿地）、小型的残余斑块（如未砍伐森林中的一片空地）或者是人类建造的斑块（如城市公园）（Bennett 1999；Hudson and Defenders of Wildlife 1991；Forman 1995）。

伍德兰公园动物园由于它所处的城市区位和作为动物园的功能不能提供生境联结。戴文斯雨洪和湿地项目通过与附近的奥斯保国家野生动物保护区协调与整合来解决联结的问题，但是联结并不属于该项目的范畴，在项目规划或设计中也没有得到积极的解决。克罗斯温湿地谨慎地限制场地内外的水文联结以避免下游的侵略性鱼类物种进入水体。克罗斯温湿地尚未涉及项目附近更大尺度的高地生境联结规划中。威拉米特未来的多元选择项目通过将简单的生境类型与选定的一组物种的协助跟踪关键生境项目模型耦合来解决生境连接度问题。佛罗里达绿道项目则明确着眼于生境的连通，将其作为项目的基本目的，并通过规划过程中的多个步骤来实现。

联结也可能有一些消极的方面；在某些情况下，它们的连通可能会促进侵略性物种、疾病的传播和火灾的蔓延，同时还会增加亚种间的交配繁殖。同样，在关系到生物多样性问题时，风景园林师和规划师应当使用他们现有的生态学原理认真地证明联结使用的正确性。正如贝内特（Bennett 1999，127）写道：

"除非考虑到联结的具体的生物学目的以及如何通过设计、尺度限定和管理以实现该目的，否则不应在规划策略中包含或接受诸如'野生动物廊道'或'动物迁移廊道'

这类的主张。随意地接受'野生动物廊道'的风险是双重的：如果目标实现的可能性极小，那将会是土地与资源的浪费，并会贬低保护中景观连接度的概念和合理需求。"

克雷格·R.格罗夫斯（Craig R. Groves）的"4R框架"（Four-R Framework）为系统的保育土地提供了生态学方面可靠的基础。根据这个框架，受保育土地应该是典型的、有弹性的、有冗余的，并且是可恢复的（Groves 2003，30）。一个保育系统应该能代表景观或区域内的多样性。为了保持长期的可持续性，系统能够抵御人类和自然的干扰。作为随机事件的缓冲，系统应该包括冗余量。最后，在高度破碎的景观中，保育系统需要依靠重建来包含特定的生态系统。

另一个需要注意的是，将关注点从保护生物多样性转变成为人类活动提供多用途空间，例如游憩和风景观赏，这最终可能会减少对使用这种联结的物种提供的保护效用。设计师和规划师应该提出以下问题：

• 物种在哪里——场地边界还是生境内部？
• 它们什么时候对扰动敏感——是季节性的还是与生命周期有关的？
• 存在哪些策略可以管控冲突——在空间上还是在时间上隔离活动？

只要解决了这些生态学上的考虑因素，就可以创造真正的多用途的保护地区。径道和绿道交流中心（Trails and Greenways Clearinghouse）列举了如下几个创建多用途的径道和绿道区域的原因（Rails to Trails Conservancy 2002）：

• 保护并创建开放空间；
• 鼓励健康的生活方式；
• 增加游憩的机会；
• 增加非机动交通的机会；
• 促进当地经济的发展；
• 保护环境；
• 保护珍贵的历史和文化的宝贵资源。

如果间接地通过增加其他交通方式（如骑车和步行）来改善空气质量，绿道可能会对生物多样性产生进一步的影响。

重建代表了风景园林师和规划师的一次重要机遇。近年来，保护生物学的子领域重建生态学迅速发展。重建生态学同时涉及生物多样性保育关注的问题和景观的议题，表明需要知识渊博的风景园林师和规划师。大多数科学家都认为，最好是主动保存完整的生境，而不是试图重建它们。根据詹姆斯·麦克马洪（James MacMahon）和凯伦·霍尔（Karen Holl）在他们的论文《生态重建：保护生物学未来的关键》（*Ecological Restoration: A Key to Conservation Biology's Future*）（2001）中所说，保育生物学的未来基本上依赖于重建技术。麦克马洪和霍尔警告说："世界上越来越多的土地正以前所未有的且不断增长的速度发生改变。这表明'保育'任何事物都要求在某种程度上进行重建。"他们识别和提出了重建生态学研究相关的几个重要主题。他们将恢复进程、物种引入、规模、监测、利用演替模型应对重建问题以及出台政策列为影响这个领域的关键议题。为了积极参与到其中，风景园林师和规划师必须熟悉这些景观生态学的内容。

尽管许多重叠的活动都属于重建生态学的范畴——包括康复、复垦、游憩、生态恢复和被设计的景观——所有这些都要求某种程度上修改景观。无论是通过重建整个动植物的组合，还是通过营建旨在为目标物种提供生境的不寻常的元素组合的被设计的景观，风景园林师和规划师都有机会通过在重建生态领域更直接的工作，在生物多样性保育中占据突出的位置。

目前，缺乏关于各种重建方法有效性的可靠信息。我们希望，在今后10年中这个领域的蓬勃发展能产生更多关于重建生境的成功方法的高质量数据。这应该会刺激对设计和运营景观所涉及的专业的需求。一些资助和鼓励重建技术使用的创造性措施已经出现了。其中一项计划是美国鱼类和野生动物管理局的鱼类和野生动物合作伙伴项目（U.S. Fish and Wildlife Service's Partners for Fish and Wildlife Program），该项目为那些在他们的土地上实施重建项目的私有土地所有者提供配套的资金。

尽管风景园林师和规划师可以使用许多工具来解决他们工作中遇到的生物多样性问题，但重要的是，要了解生物多样性可以在不同的尺度上看待，因此，如希拉·派克（Sheila Peck 1998）所指出的那样，在不同尺度上对生物多样性进行规划也是重要的。通常，多样性受到上方层级的属性的约束，并且表现出可以通过下方层级描述的属性。生物和空间的尺度是相关的，但不必完全相等。例如，生物等级的水平可能涵盖各种各样的尺寸——被大型哺乳动物（比如熊）覆盖的区域使昆虫种群占据的区域相形见绌。生物学家认识到在 α、β 和 γ 尺度上理解和规划生物多样性的重要性（Groves 2003）。

空间和时间尺度之间存在联系，因为大的区域经历较缓慢地变化，而小的区域经历更快速的变化。然而，人类主导的景观通常不遵循这样的时空关系。从业者需要了解他们所工作的背景和空间上的尺度或多尺度，以及他们的工作可能会影响的多种时间尺度。

景观联结的使用是将空间尺度（从项目、景观到区域层面）应用到规划和设计的一个例子。在项目上，联结可以通过树篱、溪流或者地下通道创造。在景观上，联结以河流或洪泛区廊道或广阔的自然保护区等形式存在。最后，在区域上，主要河流和山脉可以也可作为联结（Bennett 1999）。

风景园林师和规划师应酌情在生物多样性的 4 个层面上分别处理生物多样性的问题，因为每一个等级都影响着多样性的不同方面。景观层面是重要的，因为它受到生物和非生物因素、生态过程和不同类型的生境斑块之间相互作用的影响。通过关注景观的尺度，可以保护各种已知和未知的群体。群落尺度的重要性在于它允许设计师和规划师更加关注细节，尤其是群落与生态系统出现的不同形式。在这个尺度上，重要物种（例如关键种、脆弱的或稀有的特有物种和特化种）才能得到保护。生态过程在群落尺度上也是重要的，尤其是干扰过程。在种群尺度上，风景园林师应该努力保持足够的生境面积，同时考虑到人口、环境和基因的因素。此外，复合种群的结构和各类物种族群分布的模式，需要加以明确的理解。最后，风景园林师应该对基因的尺度有所了解，因为基因多样性增加了一个种群在长时间的环境变化中生存下来的可能性（Peck 1998）。

风景园林师和规划师应了解同时在长时间和短时间内景观中发生的变化。长期变化通常包括地质和气候过程（例如土壤发展，干扰模式）组成，风景园林师的这种影响需要很长时间才会体现出来，但因为会影响到生物多样性，所以仍然需要被考虑。短期变化（像捕食者和被捕食关系的波动，或火灾的发生）会影响群落的结构和动态。这些变化可能受到人类干扰的影响，它们可以扑灭火灾、改变水体和风向，并带来疾病、污染和破碎化。风景园林师和规划师应该了解到人类扰动的影响，并学习应用策略为群落和种群的生物多样性提供额外保护（Peck 1998）。

　　生物多样性不仅是规划和设计专业人员的重要机遇，同时还带来了伦理和技术的巨大挑战。当技能被用于帮助在稀有或受威胁的生态系统或生境中营建项目时，专业人员就越过了伦理的界限。我们同意我们的专业学会和协会应该采取更明确的伦理规则来引导专业实践。专业人员需要认识到生境的补偿（mitigation）、重建（restoration）、重现（replication）和创建（creation）的不同之处，而且他们需要在基于可持续和管护的伦理规范的引导下进行相应的实践，便于了解何时要对以补偿为名的破坏"说不"。

　　设计和规划专业人员应该迎接新的挑战：（1）与科学家平等合作，不仅要解决项目内的生物多样性的挑战，还要为能影响更广泛区域的政策作出贡献；（2）通过系统的监测和评估，将重要的基于项目的数据添加到知识库中；（3）通过每次的项目和解决方案，扭转生物多样性衰退的趋势。

风景园林基金会致谢

感谢 JJR 研究基金（JJR Research Fund）、CLASS 基金（CLASS Fund）、拉尔夫哈德森环境研究协会（Ralph Hudson Environmental Fellowship）以及 AILA 亚马戈米希望基金会（AILA Yamagami Hope Fellowship）为《土地和社区设计案例研究丛书》（*Land and Community Design Case Study Series*）提供支持，JJR 基金支持探索构成可持续设计和发展的社会、物理、经济和环境力量之间复杂相互关系的应用研究。CLASS 基金（CLASS Fund）和拉尔夫哈德森环境研究协会（Ralph Hudson Environmental Fellowship）支持研究景观的变化、保护和管护以及人与景观之间的联系。

美国风景园林师协会的使命是"领导、教育和参与对我们的文化和自然环境的精心管理、智慧规划和巧妙设计"，为风景园林基金会及其项目提供持续的慷慨支持，是主要的贡献者。

景观形式公司（Landscape Forms）；《风景园林师及专题新闻》（*Landscape Architect and Specifier News*）；DW 公司（Design Workshop）；易道（EDAW）；HNTB 公司（HNTB Corporation）；HOK（The HOK Planning Group）；L. M. 斯科菲尔德公司（L. M. Scofield Company）；景观构筑公司（Landscape Structures）；ONA；以及巴里迪安国际（Peridian International）为风景园林基金会提供主要支持。

主要捐助者包括伯顿风景园林工作室（Burton Landscape Architecture Studio）；东湖公司（The Eastlake Company）；EDSA；NUVIS；彼得·沃克及合伙人事务所（Peter Walker & Partners）；斯科特拜伦公司（Scott Byron and Company）；SWA 事务所（the SWA Group）；AHBE 风景园林师事务所（AHBE Landscape Architects）；美国风景园林师协会会士罗伯特·F. 布里斯托尔（Robert F. Bristol, FASLA）；卡罗尔·R.

约翰逊联合公司（Carol R. Johnson Associates）；吉泰 – 霍洛韦 – 奥马奥尼及合伙人事务所（Gentile, Holloway, O'Mahoney & Associates）；格雷汉姆风景园林公司（Graham Landscape Architecture）；休斯 – 古德 – 奥利瑞 – 莱恩事务所（Hughes, Good, O'Leary & Ryan）；里德·希尔德布兰德联合公司（Reed Hilderbrand Associates）；以及十艾克风景园林师公司（Ten Eyck Landscape Architects）。

其他慷慨地提供持续资金支持的捐赠者名单很长，在此难以尽述，但他们的支持是弥足珍贵的，对风景园林基金会的项目是至关重要的。

术语汇编

生物气候区（Bioclimatic zones）：世界上的生境是由气候和植被确定的。霍尔德里奇系统是伍德兰公园动物园生物气候区展示主题的基础，它根据 3 个参数对区域进行分类：温度、降水和蒸散。这三个参数可以看作是一个三角形的 3 个顶点，一个特定的生物带就是根据它在这个三角形中的位置而确定的。在每个生物带之内，存在一个典型的顶极群落，比如热带雨林、热带稀树草原、温带落叶林和针叶林。

生物多样性（Biodiversity）：基因、物种和生态系统（历时的）总体，包括支持和维持生命的生态系统的结构和功能。

生物固坡（Bioengineering）：一种利用种植在网和垫子中的本地物种稳固河岸和坡地的方法，以快速实现植被定居和土壤固定。

生物等级——生物多样性尺度层级（Biological hierarchy—levels of biodiversity scales）：景观、群落、种群和基因。这些级别代表了一个以面积为基础的范围，但也包含了更多的复杂性，其中包括在更广阔的景观和群落尺度上的生态系统和人类。

魅力种（Charismatic species）：具有美学吸引力且能引起大众兴趣并获得支持保育的目标种。这些物种包括蝴蝶（*Lepidoptera* spp.）、灰狼（*Canis lupus*）[①]、大熊猫（*Ailuropoda melanoleuca*）和兰花（兰科）。

粗滤器方法（Coarse filter approach）：一种侧重于大型区域格局的方法，其中地图尺寸和实际尺寸之间的差异很大（Forman 1995）。这种方法通常使用基于物种生境需求和偏好的知识以及以群落划分的植被遥感数据的生境组合（habitat associations）。

---

① 英文版的 lupus 拼写错误，现已更正。——译者注

国家隙地分析项目（the National Gap Analysis Program，简称 GAP）是其中的一个例子。

连接度（Connectivity）：景观中实际或者功能上的连接程度，以支持物种栖息和迁移。高连接度有助于资源（水和养分）和动物在景观中的移动。

文化共鸣（Cultural resonance）：将动物园设计理念建立在景观沉浸的基础上，向动物园参观者展示动物和人类之间的互动方式。通过给游客展示人类与动物的文化结合的例子解释人类世界与自然界的关系。

决策支持模型（Decision support model）：一个基于栅格数据分析的地理信息系统模型。例如被佛罗里达大学运用来描绘佛罗里达州域绿道系统的空间规划的模型（University of Florida 1999）。

生态群落（Ecological community）：在同一地区共存的物种的集合，其生命过程潜在地相互关联。

经济价值种（Economically valuable species）：在当地的消费者中有需求或者在市场中有商业价值的目标种。比如北美驯鹿（*Rangifer tarandus*），它被当地猎人当作食物和衣物的来源。

生态区（Ecoregion）：一片包括独特的、有着许多相同的生态过程和物种的自然群落集合的广阔的土地或水域，它们存在于类似的环境下，依赖生态相互作用来实现长期生存。

生态系统多样性（Ecosystem diversity）：它包括在特定区域内的物种数目、物种的生态功能、区域内物种组成的变化、特定区域的物种组合，以及在生态系统内部和之间的过程。它还延伸到了景观和生物群区（biome）的层级。

边缘种（Edge species）：在两种不同的景观类型相邻处，沿着生境斑块边缘苗壮生长的物种。这些物种往往是普适种。

EPT 监测（EPT monitoring）：系统观察特定水体中鳞翅目（蜉蝣）〔Ephemeroptera（mayfly）〕、多翅目（石蝇）〔Plecoptera（stonefly）〕和毛翅目（石蛾）〔Trichoptera（caddisfly）〕的无脊椎动物物种的丰富度和基准状态。它是一个用来监测溪流和河流的水中状况的工具。

濒危种（Endangered species）：根据 1973 年《濒危物种法》的定义，"在可预见未来将面临全部或大比例灭绝危险"的物种（U.S Fish and Wildlife Service 1988）。

连同受威胁物种，通常被称为联邦名录物种。

特有种（Endemic species）：仅在世界上的一个地方发现的物种。

联邦名录物种（Federally listed species）：1973 年（美国）《濒危物种法》（*Endangered Species Act*）所列的濒危物种和受威胁物种。

精滤器方法（Fine filter approach）：聚焦于一个较小区域的方法，相对于一个更大的区域它包含更多的细节（Forman 1995）。这个术语也指一种生物多样性评估和规划的方法，重点关注特定生境位置上已知并标记的濒危物种。它经常与粗滤器方法相结合使用。

鱼类生物完整度指数（Fish index of biotic integrity）：与历史基准水平相比，特定水体中的鱼类的整体完整性指数。它是一个用于衡量溪流与河流的水生条件的工具。

旗舰种（Flagship species）：受大众欢迎的有魅力的目标种。它们吸引大众来支持保育它们的工作，并经常有助于引导一个特殊景观的保育工作。脊椎动物物种，例如太平洋西北部的斑点猫头鹰（*Strix occidentalis*）或佛罗里达州的美洲豹（*Puma concolor coryi*）通常被认为是旗舰种。

植物区系质量指数（Floristic quality index，缩写为 FQI）：用于定量比较或制定排名来衡量不同地点的植物群落的重建、管理或者长期监测情况的复合指数。植物区系质量指数以包含保育性系数（C）的物种名录为基础，系数范围从 0~10，由当地或者区域性的专家给出。C 值为 0~1 适用于适应严重干扰的物种，2~3 适用于退化但是更稳定的群落，4~6 适用于特定植物群落（即景观中的基质）中常见的物种，7~8 适用于中度退化的自然区域，9~10 适用于高品质的自然区域。

焦点种（Focal species）：这些物种的生存，需要一个可以满足特定区域内大多数物种需求的景观环境。这实质上是伞护种概念的延伸。当进行多物种管理时，生物学家根据威胁编组物种，然后为选择每组威胁最敏感的物种作为焦点种。该物种可确定这种威胁的最大可接受程度。例如澳大利亚的冠鸲鹟（*Melanodryas cucullata*），它对于树林的破碎化十分敏感。

破碎化（Fragmentation）：生境、生态系统或者土地利用类型的破碎，转变为更小块的地块或者生境斑块。

隙地分析（GAP analysis）：（the National Gap Analysis Program，简称 GAP）是美国地质调查局生物资源处（the Biological Resource Division of the U.S. Geological

Survey）主持用于识别在当前受保育的土地中本地物种和自然群落的优劣表现的一种方式。"隙地"是指物种或者群落或者两者都没有准确呈现的区域。它的本质上是一个热点（地区）方法的一个分支，专注于更为"普通"的物种，在这种情况下，生态过程和物种分布被同时监测以确定哪些易危地区需要得到保护。利用卫星图像绘制植被，并使用博物馆或者机构的标本采集记录、已知的大概范围以及与已绘制的植被的隶属关系来标记潜在的或者预测自然物种的分布。然后将得到的地理信息系统地图与土地管理区域的地图重叠以便集中保育工作。隙地分析是一个用于生物多样性的评估和规划粗滤器方法。

普适种（Generalists）：能在多种生境类型中存活的物种，通常有着非常丰富的食物来源。相比特化种（specialist species），它们往往在边缘生境比例较高的破碎化的景观中表现良好。

基因多样性（Genetic diversity）：物种内的基因差异，包括同一物种的地理分隔种群或种群内的基因差异。

绿道（Greenway）：佛罗里达州域绿道项目的定义是"出于自然保育和（或）休闲游憩而加以管理和保护的线性开放空间"。这样的廊道跨越各种景观（从乡村到城市），通常呈线性，并有着大量其他多种多样的特征（如公共与私有、宽与窄、绿色或蓝色）。最重要的是，绿道强调连接度（详见 Ahern 2002 和 University of Florida 1999）。

生境廊道（Habitat corridor）：一种景观联结，通过使用连续的连接帮助物种在荒凉的环境中迁移。生境廊道最适合提供给非飞行类的陆地物种或者在异质性景观中难以穿行的物种。生境廊道多种多样，包括自然廊道、残余联结、再生廊道、种植廊道和干扰廊道。

生境镶嵌体（Habitat mosaic）：不同植被形态并未被明确定义并沿着边缘发生混合的区域。

等级理论（Hierarchy theory）：强调将景观视为（各种）要素关联的系统加以考察的重要性；这些要素能在多种尺度上分析，从而认识其在任意尺度上的过程和趋势。每一要素作为一个单元行使其功能。大尺度提供稳定性，小尺度提供多样性。

热点（Hotspot）：一个提供特别高程度的生物多样性的景观区域。比如，热带雨林中具有很高生物多样性的斑块。

指示种（Indicator species）：被用于指示特定生态系统和该生态系统中其他物种的健康变化的物种。指示种可能是积极的，因为它们被期望反映生态完整性或者生物多样性；指示种也可能是消极的，因为它们的存在表明了生态系统健康正在退化。指示种被作为主动策略的一部分，以在问题发生之前预测问题。

岛屿生物地理学理论（Island biogeography theory）：由罗伯特·麦克阿瑟（Robert MacArthur）和爱德华·威尔逊（Edward Wilson）（1976）共同创立的理论，用于解释斑块规模对生物多样性的影响。这个理论是从对小型的海洋岛屿上种群的观察而衍生出来的。在岛屿形成之后，一段时间的（物种）移居和灭绝随之而来，直到物种多样性的均衡。岛屿的面积、隔离、年龄是物种移居和灭绝主要限制。岛屿生物地理学理论已经被延展，用来理解具有生境斑块的陆地景观动态，这些生境斑块可能碎片化或分离成类似于一些海洋岛屿的空间格局。

关键种（Keystone species）：那些对生态系统产生的影响远超过其丰富度的物种。它们通常与景观的过程与干扰密切相关。比如，美洲河狸（*Castor canadensis*），其对景观的工程影响是塑造生态系统不可或缺的一部分。

景观沉浸（Landscape immersion）：动物园游客产生的错觉，认为他们与动物之间不存在任何屏障。这种错觉是通过将展示植物并引入人类的观赏区域而形成的，从而延伸了生物带（life zone）的特征；通过颇具策略地控制视点，使得动物看起来处于一个大的自然环境中；并尽可能地隐藏屏障。比如应用景观沉浸的伍德兰公园动物园，就与用明显的屏障去分隔游客和动物的常规的动物园有所不同。这种技术创造了一种情感共鸣，可以使人们在"自然"环境中看到动物，而不是在高栅栏或混凝土墙的后面。

联结（Linkage）：连接大型生境斑块之间的景观元素。有几种类型，包括生态廊道、踏脚石生境和镶嵌体生境。它们可以产生积极或者负面的影响。积极的影响包括增加生物的流动性，使得它们能穿越不熟悉的生境，并为水体提供畅通无阻的区域。负面影响包括会传播疾病、虫害或者火灾。联结也可以作为人们使用的路径。

集合种群理论（Metapopulation theory）：这个理论是理查德·莱文斯（Richard Levins）在1970年首次提出的。复合种群是许多停留在相对小而空间相隔离的生境斑块中的一些种群，一旦遭受本土灭绝，只能被其他斑块中的种群补充。单独存在的时候，它们很容易灭绝，但是集合到一起之后组成了可延续的种群，具有随着时间的推移抵御并从当地的灭绝中恢复过来的能力。

镶嵌体（Mosaic）：异质性格局中的景观斑块、廊道、基质的集合（Forman 1995）。

大自然保护协会保育状况等级（Nature Conservancy conservation status rank）：一个由大自然保护协会（Nature Conservancy）和自然遗产网络（Natural Heritage Network）发展出来的保育状况评级系统。有 1~5 级，从 GX–G3 级别的物种被认为外在危险中：

GX——假定已灭绝

GH——可能灭绝

G1——极度危险（遇到 5 次或者更少，或者总数少于 1 000 的个体）

G2——濒危的（遇到 6 到 20 次，或者个体总数在 1 000~3 000 之间）。

G3——易危的（遇到 21 到 100 次，或者个体总数在 3 000~10 000 个之间）。

G4——准安全的（基于某些原因需要长期关注），遇到高于 100 次或者超过 10 000 个的个体。

G5——安全的（丰富和广泛存在的）。

斑块（Patch）：非常均质的非线性景观区域，与周围景观不同（Forman 1995）。

PATCH 模型（协助跟踪关键生境项目）〔PATCH model（Program to Assist in Tracking Critical Habitat）〕：一种生物的建模工具，它结合了生境质量、数量和模式对物种生活史参数的影响，如存活率、繁殖力和迁移模式。PATCH 模型图可以展示野生动物物种会在哪里出现，以及它们可以延续种群的密度。PATCH 模型突出景观连接度对野生动物的影响。

主动策略（Proactive strategies）：在问题出现或者问题不能缓解之前所做的保护和评估工作。例如，国家隙地分析项目（the National Gap Analysis Program）。

被动策略（Reactive strategies）：在发现问题或者问题出现后所做的保护和评估工作。这些都是保护生物多样性的策略，重点在于保护特定的濒危物种，或者尝试重建退化或者消失的生境。濒危物种方法就是一个例子。

重建生态学（Restoration ecology）：重建或恢复整个动植物群落及支持其的物质基础设施，包括地形和水文。

物种丰富度（Species richness）：在特定区域内的物种数量。

种—面积关系理论（Species–area theory）：一个由罗伯特·麦克阿瑟和爱德华·威尔逊在 1967 年提出的理论，预测生境面积减少 90% 会导致该地区总物种减少一半。

危险种（Species at risk）：在大自然保护协会保护状况等级系统（The Nature Conservancy conservation status ranking system）下归类为等级中处于 GX（假定已灭绝）、GH（可能灭绝）、G1（极度危险）、G2（濒危的）或者 G3（易危的）等级的物种。

物种多样性（Species diversity）：一个区域内的物种的多样性。物种多样性可以通过多种途径测量；不过，一个区域的物种的数量——物种丰富度（species richness）——常常被使用。物种多样性也被认为是"分类多样性"，它考虑了一个物种与另一个物种的关系。

功能群（Species guild）：一组用类似方式使用特定资源的目标物种。其中一个例子是所有在树干洞穴中筑巢的鸟类，比如洞穴筑巢物种，包括美洲隼（*Falco sparverius*）、横斑林鸮（*Strix varia*）、毛啄木鸟（*Picoides villosus*）和东蓝鸲（*Sialia sialis*）等在内。

利益相关者（Stakeholders）：与特定决策有关的人，无论是作为个人还是作为一个团体的成员或代表。利益相关者包括影响决策的人，比如政府公职人员；还包括受决策影响的人，比如居住在项目或行动所涉及的特定区域的公民。

踏脚石生境（Stepping stone habitat）：景观联结的一种，由残余斑块组成，允许物种在受干扰的生境中进行短暂的移动。这种生境适合能够飞行的鸟类和其他物种。

目标种（Target species）：被选定为重点保育目标的指示种。选择它们往往更注重保育政策中的价值，而不是它们作为生物指示种的有效性。

受威胁物种（Threatened species）：1973 年《濒危物种法》（*Endangered Species Act*）规定的主要类别，受威胁物种被定义成"在可预见的未来将会全部或大部分濒临灭绝的动物与植物"（U.S. Fish and Wildlife Service 1988）。与濒危物种共同构成"联邦名录"（federally listed）物种。

伞护种（Umbrella species）：需要大面积的生境来繁育可存活种群数量的目标种。保护这些物种的生境，可以保护范围内的许多其他物种的生境和种群，像一把伞。因为它们往往具有粗滤器的功能，关注这些物种是避免监测每个物种而又能满足许多物种需求的有效途径。这样的物种包括灰熊（*Ursus arctos*）和美洲野牛（*Bison bison*）。

城市增长边界（Urban growth boundaries，缩写为 UGB）：围绕一个城市的一个区域。在边界内允许开发，边界外只允许很有限的发展。大多数城市的增长边界定期更新以适应经济增长的压力。

易危种（Vulnerable species）：有灭绝之虞的物种。当美国政府因一个物种有高级别灭绝威胁而将确认其易危性时，这种物种就被认为是受到威胁或濒危，如白头海雕（*Haliaeetus leucocephalus*）。

参考文献

Ahern,J.1995. Greenways as a planning strategy. *Landscape and Urban Planning* 33(1–3): 131–55.

— 2002. Greenways as Strategic Landscape Planning: Theory and Application. Wagenrugen University, Netherlands.

All Taxa Biodiversity Inventory.2002. The role of ATBI s in the global biodiversity crisis: Notes from the Great Smokies. http://www.discoverlifeinamerica.org/atbi/(accessed July 18,2006).

American Planning Association. 1992. Ethical principles in planning. http://www.planning.org/ethics/ethics.html (accessed July 18,2006).

American Society of Landscape Architects,2000. ASLA code of environmental ethics. http://www.asla.org/about/codeenv.htm (accessed July 18,2006).

Arendt, R. 1999. *Growing greener: Putting conservation into local plans and ordinances.* Washington, DC: Island Press.

Askins, R. A. 2002. *Restoring North America's birds: Lessons from landscape ecology.* New Haven, CT: Yale University Press.

Baker, J. (ecologist, U.S. Environmental Protection Agency). 2002. Interview by Jack Ahern. January 10. Corvallis, OR.

Baker, J. P., D. W. Hulse, S. V. Gregory, D. White, J. Van Sickle, P. A. Berger, D. Dole, and N. Schumaker. 2004. Alternative futures for the Willamette River Basin, Oregon. *Ecological Applications* 14(2):313–24.

Baker, J. P., and D. H. Landers. 2004. Invited feature introduction. *Ecological Applications* 14 (2):311–12.

Barrent, K. R. 1997. Introduction to ecological engineering for water resources: The benefits of collaborating with nature. Paper presented at the annual conference of the New England Water Environment Association.

Bastasch, R., S. Gregory, and S. Vickerman. 2002. Interview by Jack Ahern. January 10. Corvallis, OR.

Bauer, D. (wetland manager, Wayne County Parks, Crosswinds Marsh). 2001. Interview by Jack Ahern. December 20. New Boston, MI.

Beatley, T. 1994. *Habitat conservation planning: Endangered species and urban growth.* Austin: University of Texas Press.

Benfield, F. K., M. D. Raimi, and D. D. T. Chen. 1990. *Once there were greenfields: How urban sprawl is undermining America's environment, economy, and social fabric.* New York: Natural Resources Defense Council.

Bennett, A. F. 1999. *Linkages in the landscape: The role of corridors and connectivity in wildlife conservation.* Gland, Switzerland: IUCN–The World Conservation Union.

Berlein, J. 2002. Interview by Jack Ahern. January 8. Woodland Park Zoo, Seattle.

Bioengineering Group/W. Goldsmith. 2002. Interview by Jack Ahern, Elizabeth Leduc, and Mary Lee York. January 15. Carol R. Johnson and Associates, Boston, MA.

Boyd, J., and L. Wainger. 2002. Measuring ecosystem service benefits for wetland mitigation. *National Wetlands Newsletter* (Environmental Law Institute) (November–December): 1, 11–15.

Bridgeman, J. 2002. Interview by Jack Ahern. January 8. Jones & Jones, Seattle.

Brown, K. S., Jr., and G. G. Brown. 1992. Habitat alteration and species loss in Brazilian forests. In *Tropical deforestation and species extinction.* ed. T. C. Whitmore and J. A. Sayer, 119–42. London: Chapman and Hall.

Carol R. Johnson Associates—R. Sorenson, J. Amodeo, and C. Cogswell. 2002. Interview by Jack Ahern, Elizabeth Leduc, and Mary Lee York. January 15. Carol R. Johnson and Associates, Boston, MA, and Devens Federal Prison site, Devens, MA.

Carol R. Johnson Ecological Services. 1995. Application for a programmatic general permit Federal Medical Center Complex, Fort Devens, Massachusetts and application for water quality certificate Federal Medical Center Complex, Fort Devens, Massachusetts. Boston, MA: U. S. Department of Justice, Federal Bureau of Prisons.

Carr, M. H. 2002. Telephone interview by Jack Ahern, Elizabeth Leduc, and Mary Lee York. January 17. University of Massachusetts, Amherst.

Clay, G., ed. 1980. Woodland Park Zoological Gardens: President's Award of Excellence. *Landscape*

Architecture, September.

Conservation International. 2002. Conservation strategies: Hotspots. http://www.conservation.org/xp/CIWEB/home# (accessed July 18, 2006).

Cox, J. and R. Kautz. 1994. *Closing the Gap.* Tallahassee, FL: U. S. Fish and Wildlife Service.

Croonquist, M. J., and R. P. Brooks. 1991. Use of avian and mammalian guilds as indicators of cumulative impacts in riparian wetland areas. *Environmental Management* 15 (5): 701–14.

Dahl, T. E. 2000. *National Wetlands Inventory.* St. Petersburg, FL: U. S. Fish and Wildlife Service.

Dennison, D. L. 2000. Crosswinds Marsh wetland mitigation. *Land and Water* (November/December):23–27

— (vice president, SmithGroup JJR). 2001. Interview by Jack Ahern. December 19. SmithGroup JJR, Ann Arbor, MI.

Devens Enterprise Commission Regulatory Authority. 1999. Wetlands Protection. http://unixweb. choiceone.net/d/e/devensec.com/cgi–bin/showz.cgi/l/decregs406.html(accessed July 18, 2006)

Dinerstein, E., G. Powell, D. Olson, E. Wikramanayake, R. Abell, C. Loucks, E. Underwood, et al. 2000. *A workbook for conducting biological assessments and developing biodiversity visions for ecoregion-based conservation. PartI: Terrestrial ecoregions.* Washington, DC: Conservation Science Program, World Wildlife Fund–USA.

Drake, J. A., H. A. Mooney, F. di Castri, R. H. Groves, F. J. Kruger, M. Rejmanek, and M. Williamson, eds. 1989. *Biological invasions: A global perspective.* New York: John Wiley and Sons.

Ehrlich, P. R. 1988. The loss of diversity: Causes and consequences. In *Biodiversity.* ed. E. O. Wilson and F. M. Peter, 3–18. Washington, DC: National Academy Press.

Ehrlich, P. R., and E. O. Wilson. 1991. Biodiversity studies: Science and policy. *Science* 253:758–62.

Environmental Defense and the Texas Center for Policy Studies. 2003. Texas environmental profiles——Wetlands: Essential habitats. http://www.texasep.org/html/wld/wld_swet.html (accessed July 18, 2006).

Erwin, T. L. 1982. Tropical rainforests: Their richness in *Coleoptera* and other arthropod species. *Coleoptera Bulletin* 36:74–75.

Evanoff, P. (project landscape architect, SmithGroup JJR). 2001. Interview by Jack Ahern. December 19 and 20. SmithGrop JJR, Ann Arbor, MI.

Feinsinger, P. 2001. *Designing field studies for biodiversity conservation.* Washington. DC: Island Press.

Fleishman, E., D. Murphy, and P. F. Brussard. 2000. A new method for selection of umbrella species for conservation planning. *Ecological Applications* 10(2):569–79.

Flink, C., R. Searns, and L. Schwartz. 1993. *Greenways: A guide to planning design, and development.* Washington, DC: Island Press.

Florida Department of Environmental Protection and Florida Greenways Coordinating Council (FDEP & FGCC). 1998. *Connecting Florida's communities with greenways and trails: The 5-year implementation plan for the Florida Greenways and Trail System.* Tallahassee: Florida Department of Environmental Protection.

Forman, R. T. T. 1995. *Land mosaics: The ecology of landscapes and regions.* Cambridge: Cambridge University Press.

Forman, R. T. T., D. Speirling, J. A. Bissonette, A. P. Clevenger, C. D. Cutshall, V. H. Dale, L. Fahrig, R. France, C.R. Goldman, K. Heaure, J. A. Janes, F.J. Swanson, T. Turentine, and T.C. Winter. 2003. *Road ecology: Science and solutions.* Washington, DC: Island Press.

Francis, M. 2001. A case study method for landscape architecture. *Landscape Journal* 20(1):15–29.

—. 2003a. *Urban open space: Designing for use needs.* Land and Community Design Case Study Series. Washington, DC: Island Press and Landscape Architecture Foundation.

—. 2003b. *Village Homes: A community by design.* Land and Community Design Case Study Series. Washington, DC: Island Press and Landscape Architecture Foundation.

Freudenberger, D. 1999. *Guidelines for enhancing grassy woodlands for the Vegetation Investment Project.* Canberra, Australia: Commonwealth Scientific and Industrial Research Organisation (CSIRO) Wildlife and Ecology.

Gibbs, W. W. 2001. On the termination of species. *Scientific American* 285:40–49.

Goldsmith, W., and K. R. Barrett. 1998. Bioengineered system in existing stream channel. Paper presented at the American Society of Civil Engineers Wetlands Engineering and River Restoration conference, March 22–27, Denver.

Groves, C. R. 2003. *Drafting a conservation blueprint: A practitioner's guide to planning for biodiversity.* Washington, DC: Island Press.

Groves, C. R., L. S. Kutner, D. M. Stoms, M. P. Murray, J. M. Scott, M. Schafale, A. S. Weakley, and R. L. Pressey. 2000. Owning up to our responsibilities: Who owns lands important for biodiversity? In *Precious heritage: The status of biodiversity in the United States,* ed. B. A. Stein, L. S. Kutner, and J. S. Adams, 275–300. Oxford: Oxford University Press.

Hammond, P. M. 1995. The current magnitude of biodiversity. In *Global biodiversity assessment,* ed. V. H. Heywood and R. T. Waston, 113–38. Cambridge: Cambridge University Press for United

Nations Environment Programme.

Hancocks, D. 2001. *A different nature: The paradoxical world of zoos and their uncertain future.* Berkeley: University of California Press.

Herman, K. D., L. A. Master, M. R. Penskar, A. A. Reznicek, G. G. Wilhelm, and W. Brodowicz. 1996. *Floristic quality assessment with wetland categories and computer application programs for the state of Michigan.* Lansing: Michigan Department of Natural Resources, Wildlife Division, National Heritage Program.

Heywood, V. H., G. M. Mace, R. M. May, and S. N. Stuart. 1994. Uncertainties about extinction rates. *Nature* 368: 105.

Heywood, V. H., and R. T. Watson. eds. 1995. *Global biodiversity assessment.* Cambridge: Cambridge University Press for the United Nations Environment Programme.

Hilty, J. A., and A. Merenlender. 2000. Faunal indicator taxa selection for monitoring ecosystem health. *Biological Conservation* 92:185–97.

Hoctor, T. S. 2002. Telephone interview by Jack Ahern, Elizabeth Leduc, and Mary Lee York. January 17, University of Massachusetts, Amherst.

Hoctor, T. S M. H. Carr, and P. D. Zwick. 2000. Identifying a linked reserve system using a regional landscape approach: The Florida Ecological Network. *Conservation Biology* 14(4):984–1000.

Hoctor, T. S., M. H. Carr, P. D. Zwick, and D. S. Maehr. 2004. Florida Statewide Greenways System Planning Project: its realization and political context. In *Ecological networks and greenways,* ed. R. Jongman and G. Pungetti, 222–50. Cambridge: Cambridge University Press.

Hoctor, T. S., J. Teisinger, M. Carr, and P. Zwick. 2001. *Ecological Greenways Network prioritization for the State of Florida.* Tallahassee, FL: Office of Greenways and Trails.

Hudson, W. E., and Defenders of Wildlife. 1991. *Landscape linkages and biodiversity.* Washington, DC: Island Press.

Hulse, D. 2000. Land conversion and the production of wealth. *Ecological Applications* 10 (3):679–82.

—. 2002. Interview by Jack Ahern. January 11. Eugene and Corvallis, OR.

Hulse, D., J. Eilers, K. Freemark, C. Hummon, and D. White. 2000. Planning alternative future landscapes in Oregon: Evaluating effects on water quality and biodiversity. *Landscape Journal* 19(1–2): 1–19.

Hulse, D., S. Gregory, and J. Baker, eds. 2002. *Willamette River Planning Basin atlas: Trajectories of environmental and ecological change.* 2nd ed. Corvallis: Oregon State University Press.

Hulse, D. W., A. Branscomb, and S. G. Payne. 2004. Envisioning alternatives: Using citizen guidance to map future land and water use. *Ecological Applications* 14(2): 325–41.

Hypner, J. (vice president, Barton Malow Construction Services, Detroit). 2001. Interview by Jack Ahern. December 19. Detroit Metropolitan Airport, Detroit, MI.

Jennings, M. D. 2000. Gap analysis: Concepts, methods and recent results. *Landscape Ecology* 15:5–20.

Johnson Johnson & Roy/Inc. 1991. *Detroit Metropolitan Wayne County Airport Wetland Mitigation Plan.* Ann Arbor, MI: Johnson Johnson & Roy/Inc.

—. 1999. *1998 Wetland Mitigation Monitoring Report: Detroit Metropolitan Wayne County Airport.* Ann Arbor, MI: Johnson Johnson & Roy/Inc.

Jones, G. 1982. Design principles for preservation of animals and nature. In the proceedings of the American Association of Zoological Parks and Aquariums 1982 annual conference, Phoenix.

—. 1989. Beyond landscape immersion to cultural resonance: In the Thai elephant forest at Woodland Park Zoo. In the proceedings of the American Association of Zoological Parks and Aquariums 1989 annual conference, Pittsburgh.

—. 2002. Interview by Jack Ahern. January 7. Jones & Jones, Seattle.

Jones, J. P. 2002. Interview by Jack Ahern. January 8. Jones & Jones, Seattle.

Jones & Jones. 1976. *Woodland Park Zoo: Long range plan, development guidelines, and exhibit scenarios.* Seattle: Department of Parks and Recreation.

Keystone Center. 1991. Final consensus report of the Keystone Policy Dialogue on Biological Diversity on Federal Lands 1991. http://ceres.ca.gov/ceres/calweb/biodiversity/def_KC.html (accessed July 18, 2006).

Kittredge, A. M., and T. F. O Shea. 1999. Forestry practices on wildlife management areas. *Massachusetts Wildlife* 49:33–38.

Kitzhaber, J. 2000. Analysis: How Portland, Oregon, utilizes urban environmentalism to help make the city more livable. Interview by J. Williams. July 27. Live broadcast, *Talk of the Nation,* National Public Radio.

Lambeck, R. J. 1997. Focal species: A multi–species umbrella for nature conservation. *Conservation Biology* 11 (4):849–56.

Landres, P. B. 1983. Use of the guild concept in environmental impact assessment. *Environmental Management* 7:393–98.

Landre, P. B., Verner J., J. W. Thomas. Ecological Uses of Vertebrate Indicator Species: A Critique. *Conservation Biology.* 1988. (2)1–13.

Lawrence Halprin and Associates. 1972. *The Willamette Valley: Choices for the future.* Executive Department, State of Oregon. Available at: http://willametteexplorersinfo/publication/ (accessed August 28, 2006).

Lecesse, M. 1996. Little marsh on the prairie. *Landscape Architecture* 86(7): 50, 52–55.

Leopold, A. 1949. *A Sand County almanac and sketches here and there.* New York: Oxford University Press.

Levins, R. 1970. *Extinction: Some mathematical questions in biology.* Vol. 2. Providence, RI: American Mathematical Society.

Little, C. 1995. *Greenways for America.* Baltimore, MD: Johns Hopkins University Press.

Lomborg, Bjorn. 2001. *The Skeptical Environmentalist: Measuring the Real State of the World.* Cambridge: Cambridge University Press.

Lovejoy, T. E. 1980. A projection of species extinctions. In *Council on Environmental Quality(CEQ): The Global 2000 Report to the President.* vol. 2, 328–31. Washington, DC: U.S. Government Printing Office.

Mac, M. J., P. A. Opler, C. E. P. Haecker, and P. D. Doran. 1998. *Status and trends of the nation's biological resources.* 2 vols. Reston, VA: U. S. Department of the Interior, U. S. Geological Survey.

MacArthur, R. H., and E. O. Wilson. 1967. *The theory of island biogeography.* Princeton, NJ: Princeton University Press.

MacMahon, J. A., and K. D. Holl. 2001. Ecological restoration: A key to conservation biology s future. In *Research priorities in conservation biology,* ed. M. E. Soulé and G. Orians, 245–69. Washington, DC: Island Press.

Mandala Collaborative/Wallace McHarg Roberts and Todd(WMRT). 1975. *Pardisan.* Philadelphia: WMRT.

Martin, F. E. 2000. Where the runway ends: Crosswinds Marsh heals the land while raising environmental awareness. *Landscape Architecture* 90 (7): 26–31, 82–83.

Massachusetts Executive Office of Environmental Affairs, Division of Fisheries and Wildlife Natural Heritage and Endangered Species Program. 2001. *BioMap*: *Guiding land conservation for biodiversity in Massachusetts.* Boston: Executive Office of Environmental Affairs.

Massachusetts Nature Heritage and Endangered Species Program. 1994. *Atlas of Estimated Habitats of State-listed Rare Wetlands Wildlife.* Massachusetts Division of Fisheries and Wildlife, Boston.

Master, L. L., B. A. Stein, L. S. Kutner, and G. A. Hammerson. 2000. Vanishing assets: Conservation status of U.S. species. In *Precious heritage: The status of biodiversity in the United States*, ed. B. A. Stein, L. S. Kutner, and J. S. Adams. Oxford: Oxford University Press.

Mawdsley, N. A., and N. E. Stork. 1995. Species extinctions in insects: Ecological and biogeographical considerations. In *Insects in a changing environment*, ed. R. Harrington and N. E. Stork, 322–69. London: Academic Press.

May, R. M. 1988. How many species are there on Earth? *Science* 241:1441–49.

MacHarg, I. L. 1996. *Quest for life*. New York: John Wiley.

McPeek, M. A., and T. E. Miller. 1996. Evolutionary biology and community ecology. *Ecology* 77:1319–20.

Michigan Department of Natural Resources. 1991. Permit 90–14–1320. Issued to Wayne County Division of Airports. August 8.

Miller, K. R., J. Fortado, C. De Klemm, J. A. McNeely, N. Myers, M. E. Soulé, and M. C. Trexler. 1985. Issues on the preservation of biological diversity. In *The global possible*. ed. R. Repetto,337–62. New Haven, CT: Yale University Press.

National Biological Information Infrastructure (NBII). 2003. Biodiversity definitions. http://www.nbii.gov/issues/biodiversity (accessed September 6, 2004).

Noss, R. F. 1991. Indicators for monitoring biodiversity: A hierarchical approach. *Conservation Biology* 4 (4):355–64.

Noss, R. F., and A. Y. Cooperrider. 1994. *Saving nature's legacy: Protecting and restoring biodiversity*. Washington, DC: Island Press.

Organisation for Economic Co–operation and Development(OECD). 2002. *Handbook of biodiversity valuation: A guide for policymakers*. Paris: OECD.

Ott, S. A. (vice president, SmithGroup JJR). 2001. Interview by Jack Ahern. December 19 and 20. SmithGroup JJR, Ann Arbor, MI.

Owens–Viani, L. 2002. Ripple effect. *Landscape Architecture* 92 (8):88–89.

Pacific Northwest Ecosystem Management Consortium [now called the Pacific Northwest Ecosystem Research Consortium]. 2002. Home page. http://www.orst.edu/dept/pnw–erc/ (accessed July 18, 2006).

Paulson, D. R. 2002. Interview by Jack Ahern. January 9. Slater Museum of Natural History, Tacoma, WA.

—. N. d. *Woodland Park Zoo ecologist's report: World bioclimatic zones*. Seattle.

Peck, S. 1998. *Planning for biodiversity: Issues and examples*. Washington, DC: Island Press.

Pollock, M. M., R. J. Naiman, and T. A. Hanley. 1998. Plant species richness in riparian wetlands: A test of biodiversity theory. *Ecology* 79(1): 94–105.

Power, M. E., D. Tilman, J. A. Estes, B. A. Menge, W. J. Bond, L. I. Millis, G. Daily, J. C. Castilla, J . Lubchenco, and R. T. Paine. 1996. Challenges in the quest for keystones. *Bioscience* 46:609–20.

Pryor, T. (manager, Oxbow National Wildlife Refuge). 2002. Telephone interview by Mary Lee York. January 14. University of Massachusetts, Amherst.

Rails to Trails Conservancy. 2002. Trails and Greenways Clearinghouse. http://www.trailsandgreenways.org/ (accessed July 18, 2006).

RAMSAR. 2003. The Ramsar Convention on Wetlands: Wetlands and Biodiversity. Available from World Wide Web: http://www.ramsar.org/about/about_biodiversity.htm (accessed July 18, 2006).

Raven, P. H. 1988. Our diminishing tropical forests. In *Biodiversity,* ed. E. O. Wilson and F. M. Peter, 119–22. Washington, DC: National Academy Press.

Risser, P. 2002. Interview by Jack Ahern. January 11, 2002. Corvallis, OR.

Schneider, K. 2003. *The Paris-Lexington road: Community-based planning and context sensitive highway design.* Land and Community Design Case Study Series. Washington, DC: Island Press and Landscape Architecture Foundation.

Schrader–Frechette, K. S., and E. D. McCoy. 1993. *Method in ecology: Strategies for conservation.* Cambridge: Cambridge University Press.

Schumaker, N.H., T. Ernst, D. White, J. Baker, and P. Haggerty. 2004. Projecting wildlife responses to alternative future landscapes in Oregon's Willamette Basin. *Ecological Applications* 14(2):381–400.

Scott, J. M., F. Davis, B. Csuti, R. Noss, B. Butterfield, C. Groves, H. Anderson, S. Caicco, F. Derchia, T. C. Edwards, et al. 1993. Gap analysis: A geographic approach to protection of biological diversity. *Wildlife Monographs* 123:1–41.

Shannon, C. E., and W. Weaver. 1949. *The mathematical theory of communication.* Urbana: University of Illinois Press.

Simberloff, D. 1998. Flagships, umbrellas, and keystones: Is single–species management passé in the landscape era? *Biological Conservation* 83(3):247–57.

Sipple, W. S. 2002. Wetland founctions and values. http://www.epa.gov/watertrain/wetlands/index.htm (accessed July 18, 2006).

Smith, F. D. M., R. M. May, R. Pellew, T. H. Johnson, and K. S. Walter. 1993. Estimating extinction rates. *Nature* 364:494–96.

Society for Ecological Restoration International. 2004. Mission statement. http://www.ser.org/about. asp (accessed July 18, 2006).

Species 2000. 2002. Home page. http://www.sp2000.org/ (accessed July 18, 2006).

Stein, B. A., L. S. Kutner, and J. S. Adams, eds. 2000. *Precious heritage: The status of biodiversity in the United States.* Oxford: Oxford University Press.

Storch, I., and J. A. Bissonette. 2003. *Landscape ecology and resource management: Linking theory with practice.* Washington, DC: Island Press.

Strok, N. E. 1999. The magnitude of global biodiversity and its decline in the living planet. In *Crisis biodiversity science and policy,* ed. J. Cracraft and F. T. Grifo, 3–32. New York: Columbia University Press.

Thompson, J. W. 1999. Stormwater unchained: outside a Massachusetts prison, bioengineered detention ponds turn runoff into an asset. *Landscape Architecture* 89(8): 44–51.

Thompson, J. W., and K. Sorvig. 2000. *Sustainable landscape construction: A guide to green building outdoors.* Washington, DC: Island Press.

University of Florida, Department of Landscape Architecture. 1999. *PhaseII: University of Florida Statewide Greenways System Planning Project recommendations for the physical design of a statewide greenway system.* Final report. Gainesville: University of Florida, Department of Landscape Architecture.

U.S. Department of Agriculture. 1997. *Agricultural resources and environmental indicators, 1996-1997.* Agricultural handbook no. 712. Washington, DC: U. S. Government Printing Office.

U.S. Department of Fish and Wildlife, Endangered Species Program. 2002. Environmental Conservation Online System (ECOS). http://ecos.fws.gov/ecos/index.do (accessed July 18, 2006).

U.S. Environmental Protection Agency. 2000. *Applicability of biodiversity indices to FKCCS species and ecosystems region 5, USEPA, Chicago United States Army Corps of Engineers, Jacksonville District, 2000.* http://www.saj.usace.army.mil/projects/biodivind2ndrev.htm (accessed July 18, 2006).

U. S. Fish and Wildlife Service (USFWS). 1988. Endangered Species Act of 1973, as Amended through the 100th Congress. Washington, DC: U. S. Department of the Interior, USFWS.

—. 1997. *Status and trends of wetlands in the conterminous United States 1986-1997.* http://training.fws.gov/library/Pubs9/wetlands86–97_lowres.pdf (accessed July 18, 2006).

Van Sickle, J., J. Baker, A. Herlihy, P. Bayley, S. Gregory, P. Haggerty, L. Ashkenas, and J. Li. 2004. Projecting the biological condition of streams under alternative scenarios of human land use.

Ecological Applications 14 (2):368–80.

Vitousek, P. M. 1988. Diversity and biological invasions of oceanic islands. In *Biodiversity,* ed. E. O. Wilson and F. M. Peter, 181–89. Washington, DC: National Academy Press.

Washington Transcript Service. 1998. William Cohen, secretary of defense holds news conference on base closings. April. Washington Transcript Service.

Weitz, J., and T. Moore. 1998. Development inside urban growth boundaries: Oregon s empirical evidence of contiguous urban form. *Journal of the American Planning Association* 64 (4):424–40.

White House, Office of the Press Secretary. 1999. Economic renewal: community reuse of former military bases. Press release, April 21. http://clinton6.nara.gov/1999/04/1999–04–21–report–on–community–reuse–of–former–military–bases.html (accessed June 4, 2006).

Whittaker, R. H. 1975. *Communities and ecosystems.* 2nd ed. New York: Macmillan.

Wilcove, D. 1993. Getting ahead of the extinction curve. *Ecological Applications* 3:218–20.

Wilcove, D. S., D. Rothsein, J. Dubow, A. Phillips, and E. Losos. 2000. Leading threats to biodiversity: What s imperiling U.S. species? In *Precious heritage: The status of biodiversity in the United States,* ed. B. A. Stein, L. S. Kutner, and J. S. Adams, 275–300. Oxford: Oxford University Press.

Wilcox, B. A. 1982. In situ conservation of genetic resources: Determinants of minimum area requirements. In *National parks, conservation and development: The role of protected areas in sustaining society,* ed. J. A. McNeely and K. R. Miller, 639–47. Proceeding of the World Congress on National Parks, Bali Indonesia, October 11–12, 1982. Washington, DC: Smithsonian Institution Press.

Willamette Partnership. 2005. Home page. http://clev17.com/ ~ willamet/?q= (accessed August 22. 2006).

Willamette Riverkeeper. 2002. Home page. http://www.willamette–riverkeeper.org (accessed July 18, 2006).

Willamette Valley Livability Forum. 2001. Home page. http://www.Icog.org/wvlf/ (accessed July 18, 2006).

Wilson, E. O. 1988. The current state of biological diversity. In *Biodiversity*, ed. E. O. Wilson and F. M. Peter, 3–18. Washington, DC: National Academy Press.

World Conservation Union–IUCN. 2000. News: Confirming the global extinction crisis, a call for international action as the most authoritative global assessment of species loss is released. IUCN–World Conservation Red list Program. http://www.iucn.org/en/news/archive/archive2000.htm (accessed July 18, 2006).

World Conservation Union–IUCN, Species Survival Commission. 2001. The SSC Red List Programme. Home Page. http://www.redlist.org/info/programme.html (accessed July 18, 2006).

World Resources Institute (WRI).1992. *Global Biodiversity Strategy: Guidelines for action to save, study, and use Earth's biotic wealth sustainably and equitably.* World Resources Institute, Washington, IUCN and UNEP.

World Zoo Organization. 1993. *The World Zoo conservation strategy executive summary.* Chicago: Chicago Zoological Society.

Yin, R. K. 1994. *Case study research: Design and methods.* Thousand Oaks, CA:Sage.

Zedler, J.B.1996. Ecological issues in wetland mitigation: An introduction to the forum (in wetland mitigation). *Ecological Applications* 6 (1): 33–37.

索 引

A

Ady, John 约翰·阿迪 28

All Taxa Biodiversity, Inventory (ATBI) 全类群生物多样性清单 10

American Planning Association 美国规划协会 5

American Society of Landscape Architects (ASLA) 美国风景园林师协会 5

Amodeo, John 约翰·阿莫德奥 49

Association for Biodiversity Information 生物多样性信息协会 7. 9

B

Bailey, Robert 罗伯特·贝利 14

Baker, Joan 琼·贝克 83. 84. 94

Bald eagles (*Haliaeetus leucocepbalus*) 白头海雕 16. 74

Bartholick, G. R. G. R. 巴索利克 28

Bastach, Rick 里克·巴斯达克 84

Benedict, Mark 马克·本尼迪克特 98

Bennett, A. F. A. F. 贝内特 113–114

Bioclimatic zones 生物气候区 29–37

Biodiversity 生物多样性

    assessment and conservation strategies 生物多样性评估和保育战略 12–14

    background 生物多样性背景 3–5

case study propositions 生物多样性案例研究命题 108–113

definitions of 生物多样性定义 5–7

importance to landscape designers and planners 生物多样性之于风景园林师与规划师的重要性 3. 17–19. 83

organizations, agencies, and conventions 生物多样性组织、机构和公约 20–22

species diversity and decline, 物种多样性和生物多样性减少 7–12

value placed on, 生物多样性价值评估 12–16

zoos and 动物园和生物多样性 24. 31. 38

Biological Resources Discipline (BRD), USGS 美国地质调查局生物资源科 20

Brighton, Jim 吉姆·布赖顿 28

Brodowicz,William 威廉·布罗多维茨 67

Brown, G. G. G.G. 布朗 11

Brown, K. S. Jr. K. S. Jr. 布朗 11

Bryant Associates, Inc. 布莱恩特合伙人事务所 49

C

Carol R. Johnson and Associates (CRJA).*See* Devens Federal Medical Center stormwater project 卡罗·R. 约翰逊及合伙人事务所（详见"戴文斯联邦医药中心综合体：雨洪项目"）

Carr, Margaret (Peggy), 玛格丽特（佩吉）·卡尔 98

Changes, short–term and long–term, 短期和长期变化 117–118

Charismatic species 魅力种 15

Chen, D. D. T. D. D. T. 陈 18

Chiles, Lawton 劳顿·奇利斯 97

Clark–Morey Drain 克拉克莫里沟 67

Clean Water Act《清洁水法》61. 79

Clinton,Bill 比尔·克林顿 83

Coarse filter approach 粗滤器方法 14. 101. 104

Coe, Jon Charles 乔恩·查尔斯·科 28. 37

Cogswell, Charlotte 夏洛特·科格斯韦尔 49. 51. 59

Community scale 群落尺度 117

Connectivity 连接度 113

Conservation International 保育国际 13

Convention on Biological Diversity (CBD) 生物多样性公约 22

Convention on International Trade in Endangered Species (CITES) 濒危野生动植物种国
际贸易公约 22–23

Convention on the Conservation of Migratory Species (CMS) 保护迁徙野生动物物种公约
23

Convention on Wetlands (Ramsar) 国际湿地公约（拉姆萨尔公约）23

Cooperrider, A. Y.　A.Y. 库柏莱德 5

Corridors 廊道 104. 105

Cox, Jim 吉姆·考克斯 103

Crawford, Gary 加里·克劳福德 67

Crosswinds Marsh (Michigan) 克罗斯温湿地（密歇根州）

    Background 背景 53–55

    biodiversity data and Planning 生物多样性数据和规划 63–64

    biodiversity propositions and 生物多样性命题 110–111

    connectivity and 连接度 113

    goals and objectives 愿景与目标 62

    participants 参与者 58–61

    postproject evaluation 项目后评价 65–67

    project data 项目资料 55–58

    public/private partnership 公私伙伴关系 62–63

Cultural resonance 文化共鸣 27. 38

D

Decision support model (DSM) 决策支持模型 ① 98–99. 102. 103

Defensive strategies 防御性策略 63

Detroit Metropolitan Wayne County Airport 底特律大都市韦恩县机场 65. 67

Devens Enterprise Commission (DEC) 戴文斯企业委员会管理局 49. 51. 58

Devens Federal Medical Center stormwater project (Massachusetts) 戴文斯联邦医药中心综合体：雨洪项目（马萨诸塞州）

    background 背景 43–44

    biodiversity data and planning 生物多样性数据和规划 51–58

    biodiversity propositions and 生物多样性命题 110–111

    connectivity and 连接度 113

    goals and objectives 愿景与目标 50

    participants 参与者 49–50

    postproject evaluation 项目后评价 58–60

    project data 项目资料 44–48

    public/private partnership 公私伙伴关系 51

Disbrow Drain 迪斯布罗沟 67

E

Economically valuable species 经济价值种 16

Ecoregion approach 生态区方法 14

Ecosystem (gamma) diversity 生态系统（γ）多样性 6

Ehrenfeld, David 戴维·埃伦费尔德 17

Endangered Species Act of 1973 (ESA)《濒危物种法》（1973 年）9. 12–13

Endangered species approach 濒危物种方法 12–13

Environmental Protection Agency, U.S. (U.S.EPA) 美国环境保护署 14. 20. 43. 50. 65

Erwin, Terry L. 特里·欧文 7

---

① 英文版的 Decision support model 拼写错误，现已更正。——译者注

Ethics 伦理 5. 20. 118

Evolutionary aspects of biodiversity 生物多样性的进化方面 7

Exotic invasives 外来生物入侵 19

Extinction rates 物种灭绝率 8

F

Federal Appearances Memo《联邦视觉形象备忘录》59

Federal Aviation Administration 联邦航空管理局 65

Federal Bureau of Prisons 联邦监狱局 44. 49. 50. 51. 59

Fish and Wildlife Service, U.S.(U.S.FWS) 鱼类和野生动物管理局 20. 65. 103

Fish richness 鱼类丰富度 73

Flagship species 旗舰种 15

Florida Department of Transportation (FDOT) 佛罗里达州交通运输部 97

Florida Ecological Network (FEN), *See* Florida Statewide Greenways System Planning
    Project 佛罗里达生态网络（详见：佛罗里达州域绿道系统规划项目）

Florida Greenways Coordinating Council (FGCC) 佛罗里达绿道合作委员会 97. 98

Florida Natural Areas Inventory 佛罗里达自然地区清单 103

Florida Statewide Greenways System Planning Project 佛罗里达州域绿道系统规划项目

    background 背景 95

    biodiversity data and planning 生物多样性数据和规划 103–104

    biodiversity propositions and 生物多样性命题 110–111

    connectivity and 连接度 113

    goals and objectives 愿景与目标 101–102

    participants 参与者 97–99

    postproject evaluation 项目后评价 104–106

    project data 项目资料 95–97

    public/privat partnership 公私伙伴关系 102

Floristic Quality Assessment 植物区系质量评估 73

Focal species 焦点种 15

Fort Devens 戴文斯堡 43

Four–R Framework 4R 框架 115

Fragmentation of habitat 生境的破碎 18

"The Future Is in Our Hands"[①] "未来在我们的手中" 93

G

GAP analysis 国家隙地分析项目的分析 14

Genetic (alpha)diversity 基因（α）多样性 6

Genetic scale 基因的尺度 117

GIS(geographic information systems) Florida Greenways Project GIS（地理信息系统）佛罗里达州域绿道项目 106. 112. 124

GAP analysis and GIS 国家隙地分析项目的分析和地理信息系统 14

Willamette Valley project 威拉米特河谷项目 76

Global Biodiversity Strategy (WRI)《全球生物多样性战略》6. 22

Goals and objectives 愿景与目标

　　biodiversity among multiple goals 生物多样性的多重目标 110–111

　　Crosswinds Marsh 克罗斯温湿地 70

　　Devens stormwater Project 戴文斯雨洪项目 50

　　Florida Greenways Project 佛罗里达绿道项目 101–102

　　Willamette Valley Alternative Futures Project (Oregon) 威拉米特河谷未来的多元选择项目 85

　　Woodland Park Zoo 伍德兰公园动物园 29–32

Goldsmith, Wendi 温迪·戈德史密斯 49

Greenway, defined 绿道的定义 95

Gregory, Stan 斯坦·格雷戈里 84

Groves, C. R. C. R. 格罗夫斯 115

---

① 英文版的"Is"拼写错误，现已更正。——译者注

H

Habitat composition 生境的组成 19

Habitat conservation plans 生境保育规划 13

Habitat corridors 生境廊道 114

Habitat destruction, effects of 生境破坏的影响 18

Habitat mosaics 生境镶嵌体 114

Habitat zones, bioclimatic 生物生境气候区 35

Halprin, Lawrence 劳伦斯·哈普林 76, 83

Hancocks, David 戴维·汉考克斯 24. 28. 29. 32. 33. 41. 111

Harvard, Peter 彼得·哈佛 28

Hinshaw, Stephen 斯蒂芬·欣肖 67

Hoctor, Thomas 托马斯·霍克特 98. 101. 103. 106

Hogan, Donald 唐纳德·霍根 26

Holdridge system 霍尔德里奇系统 35, 36

Holl, Karen 凯伦·霍尔 116

Hotspot approach 热点方法 13. 63

Hulse, David 戴维·赫斯 4

Human–environment relationships and balance 人与自然关系和平衡 112–113

I

Index of Biotic Integrity (IBI) 生物完整性指数 91

Indicator species 指示种 15–16

Insect species, number of 昆虫物种数量 8

International Erosion Control Association 国际侵蚀控制协会 58

International Union for Conservation of Nature and Natural Resources (World Conservation Union–IUCN) 国际自然和自然资源保护联盟（世界自然保护联盟）5–6. 7–8. 21

Invasive species 侵略性物种 113–114

J

Jennings, M. D.　M. D. 詹宁斯 14

Jones, Grant 格兰特·琼斯 24. 26. 27. 32. 33. 34. 38. 41

Jones, Johnpaul 杰布·琼斯 28

Jones &Jones. *See* Woodland Park Zoo (Seattle) 琼斯 & 琼斯建筑师和风景园林师有限公司〔详见：伍德兰公园动物园（西雅图）〕

K

Kautz, Randy 兰迪·考茨 103

Keystone Center 基斯顿中心 5

Keystone species 关键种 16

Kitzhaber, John 约翰·基兹哈柏 77

Kurta, Allen 艾伦·库尔塔 67

L

Landscape Architecture Foundation (LAF) 风景园林基金会 1

Landscape immersion 景观沉浸 26–28. 32. 33. 37. 38. 41. 42

Landscape scale 景观的尺度 117

Larson, Keith 基思·拉森 28

Leopold, Aldo 阿尔多·利奥波德 20

Linkages in the Landscape (Bennett)《景观中的联结》113

Lomborg, Bjorn 比昂·隆伯格 11

M

MacArthur, R. H.　R. H. 麦克阿瑟 11

MacMahon, James 詹姆斯·麦克马洪 116

Massachusetts Biological and Conservation Database 马萨诸塞州生物和保护数据库 10

May, Robert, M.　M. 罗伯特·梅 7. 11

McHarg, Ian 伊恩·麦克哈格 28

Michigan Department of Environmental Quality (MDEQ) 密歇根州环境质量部 65. 66. 73

Michigan United Conservation Club 密歇根联合保护俱乐部 67. 71

Minimum area requirements, 最小区域需求 18

Mittermeier, Russell A. 罗素・A. 米特迈尔 13

Monitoring 监测

    on biodiversity, lack of monitoring 对生物多样性监测的缺失 4

    monitoring Crosswinds Marsh 监测克罗斯温湿地 65

    monitoring Devens stormwater project 监测戴文斯雨洪项目 59

    monitoring Woodland Park Zoo 监测伍德兰公园动物园 41

Multipurpose space 多用途空间 63. 115

Multi–species indicators 多物种指示种 16

N

National Biological Information Infrastructure, U.S. (NBII) 国家生物信息基础设施 6. 20. 21

National Gap Analysis Program(GAP) 国家隙地分析项目 13–14

National Wetlands Information Center,USGS 美国地质调查局生物资源部国家湿地信息中心 21

Natural Heritage Network 自然遗产网络 9. 10

Natural Resources Conservation Services (NRCS), USDA, 美国农业部自然资源保育管理局 21

The Nature Conservancy (TNC) 大自然保护协会 7. 9. 10. 14. 21

Negative indicators 消极的指示种 16

Noah principle 诺亚法则 17

Noss, Reed F. 里德・F. 诺斯 5. 16

O

Offensive strategies 进取性的策略 63

Omernick, James 詹姆斯・奥默尼克 14

Oregon land use planning 俄勒冈州土地利用总体规划 76

Osborn, Phillip 菲利普·奥斯本 28

Oxbow National Wildlife Refuge 奥斯保国家野生动物保护区 43. 50. 52. 59

P

Pacific Northwest Ecosystem Research Consortium 太平洋西北地区生态系统研究联盟
   80. 83. 84–86. 93

Pardisan Zoo 帕尔迪桑动物园 28. 30

Partners for Fish and Wildlife Program 鱼类和野生动物合作伙伴项目 116

PATCH model (Program to Assist in Tracking Critical Habitat) PATCH 模型（协助跟踪关
   键生境项目）87. 114

Paulson, Dennis 丹尼斯·保尔森 28. 34. 35. 37. 41

Peck, Sheila 希拉·派克 7. 116

Population scale 种群尺度 117

Precious Heritage《珍贵遗产》7

Proactive strategies 主动策略 12. 125

Protective strategies 保护性策略 63

Pryor, Tim 蒂姆·普赖尔 59

Public awareness 公众意识 112–113

Public/private partnership 公私伙伴关系

   Crosswinds Marsh 克罗斯温湿地 70

   Devens stormwater project 戴文斯雨洪项目 51

   Florida Greenways Project 佛罗里达绿道项目 102

   Willamette Valley Alternative Futures Project(Oregon) 威拉米特未来的多元选择
      项目 85

   Woodland Park Zoo 伍德兰公园动物园 33

R

Raimi, M. D. 马修·拉米 18

Reactive strategies 被动策略 12. 126

Red Book program 红皮书项目 8

Restoration ecology 重建生态 109–110. 116

Riseng, Catherine 凯瑟琳·里森 67

Risser, Paul 保罗·里瑟尔 77. 84. 93

Rural–urban continuum 城乡连续体 108–109

S

Scales 尺度 6–7. 117

Schmidt, Eric 埃里克·施密特 28

Seattle, Washington See Woodland Park Zoo (Seattle) 华盛顿州西雅图〔详见：伍德兰公园动物园（西雅图）〕

Sierra Club 塞拉俱乐部 21

Smith, F. D. M.　F. D. M. 史密斯 11

SmithGroup JJR. See Crosswinds Marsh 史密斯集团 JJR 事务所（详见：克罗斯温湿地）

Society of Ecological Restoration International 国际生态重建学会 5

Sorensen, Randy 兰迪·索伦森 49

Sorvig, K. 金·索维格 59

Species–area theories 种—面积关系理论 11. 18

Species(beta) diversity 物种（β）多样性 6

Species guild[①] 功能群 16

Species richness and decline 物种丰富度和退化 7–12

Species selection approaches 物种选择方法 15–16

Stepping stones 踏脚石 114

Stork, Nigel 尼格尔·斯托克 8

Stubbins Associates 史塔宾合伙人事务所 49

Swanson, John 约翰·斯瓦森 28

---

① 英文版索引中是"guilds"，正文中是"guild"，现按正文的更正。——译者注

T

Target species 目标种 15

Temporal aspects of biodiversity 生物多样性的时间方面 7

Thompson, J. W. 威廉·汤普森 58

Threatened and Endangered Species System (TESS) 受威胁与濒危物种系 9

Trails and Greenways Clearinghouse 径道和绿道交流中心 115

U

Umbrella species 伞护种 15. 105

United Nations Environment Programme (UNEP)[①] 联合国环境规划署 6

United States, biodiversity status in 美国生物多样性状况 7–11

　　University of Florida. *See* Florida Statewide Greenways System Planning Project
佛罗里达大学（详见：佛罗里达州域绿道系统规划项目）

V

Vickerman, Sara 莎拉·威克曼 84. 86

Vulnerable species approach 易危种保护方式 16

W

Wallace McHarg Roberts and Todd (WMRT) 华莱士 – 麦克哈 – 罗伯茨 – 托德公司 30–31

Walters, David 戴维·沃尔特斯 28

Wayne County, Michigan. *See* Crosswinds Marsh Wetlands ecosystems and mitigation 密歇根州韦恩县（详见：克罗斯温湿地生态系统和补偿）4. 63 *See also* Crosswinds Marsh; Devens Federal Medical Center stormwater project（同时详见：克罗斯温湿地；戴文斯联邦医药中心综合体：雨洪项目）

Whittaker, Robert 罗伯特·惠特克 6

Wilcox,B. A. 布鲁斯·A. 威尔科特斯 5

---

① 英文版 United Nations Environment Programme (UNEP) 拼写错误，现已更正。——译者注

Willamette Restoration Initiative (WRI) 威拉米特重建倡议 83. 84. 85

Willamette Valley Alternative Futures Project (Oregon) 威拉米特未来的多元选择项目

　　Background 背景 76–77

　　biodiversity data issues 生物多样性数据议题 86–92

　　biodiversity propositions and 生物多样性命题 112–113

　　connectivity and 连接度 113

　　goals and objectives 愿景与目标 85

　　participants 参与者 83–84

　　postproject evaluation 项目后评价 93–94

　　project data 项目资料 77–82

　　public/private partnership 公私伙伴关系 85–86

Willamette Valley Livability Forum (WVLF) 威拉米特河谷宜居论坛 76. 77. 80. 83. 85. 93

Wilson, E. O. 　爱德华·O. 威尔逊 3. 7. 11

Woodland Park Zoo (Seattle) 伍德兰公园动物园（西雅图）

　　background on zoos 动物园背景 24–26

　　biodiversity data and planning 生物多样性数据和规划 33–40

　　biodiversity propositions and 生物多样性命题 112–113

　　connectivity and 连接度 113

　　goals and objectives 愿景与目标 29–32

　　participants 参与者 28

　　postproject evaluation 项目后评价 41–42

　　project data 项目资料 26–27

　　public/private partnership 公私伙伴关系 33

World Conservation Union–IUCN (International Union for Conservation of Nature and Natural
　　Resources) 世界自然保护联盟（国际自然和自然资源保护联盟）6. 8. 22

World Heritage Convention (WHC) 世界遗产公约 23

World Resources Institute (WRI) 世界资源研究所 6. 21

World Wildlife Fund (WWF) 世界自然基金会 14

World Zoo Organization 世界动物园组织 32. 33

Z

Zoos, evolution of 动物园的发展 26

Zwick, Paul 保罗·茨威格 98

译后记

　　生物多样性是人类赖以生存和发展的基础。1992 年 6 月在联合国召开的环境与发展大会上，通过了《生物多样性公约》。次年，我国政府正式批准加入该公约。随后，国务院批准了《中国生物多样性保护行动计划》、《中国生物多样性保护国家报告》。2002 年，建设部发布了《关于加强城市生物多样性保护工作的通知》（建城〔2002〕249 号），要求各省、自治区建设厅、直辖市园林局要组织开展城市规划区内的生物多样性物种资源的普查，各城市要尽快组织编制《生物多样性保护规划》和实施计划等。可以说，生物多样性保护受到了我国中央政府的高度关注。然而，由于缺乏关于生物多样性保护规划编制理论和方法的有效指导，地方政府常常止步于生物多样性物种资源的普查。

　　作为杰出的风景园林学教授，杰克·埃亨（Jack Ahern）专长于景观规划和城市生态学等领域。他探究在面对城市化和土地利用变化时如何维持生物多样性，通过系列案例分析的方法，研究了生物多样性规划、设计、重建和管理的策略与方法，合作撰写了《生物多样性规划与设计　可持续性的实践》。因此，该专著可以丰富我们对于生物多样性保护规划的编制乃至生物多样性保护的相关工作的理解。

　　另一方面，杰克·埃亨等人借鉴了马克·弗朗西斯（Mark Francis）教授发表的《风景园林案例研究法》（*A Case Study Method for Landscape Architecture*）以及罗伯特·K. 殷（Robert K. Yin）的案例研究的设计和分析的方法，并参考了风景园林基金会（LAF）和岛屿出版社（Island Press）联合出版的"土地和社区设计案例研究系列"（*Land and Community Design Case Study Series*）丛书。因此，《生物多样性规划与设计　可持续性的实践》同样是一个风景园林案例研究的示范。

实际上，译者同时启动了马克·弗朗西斯教授撰写的《城市开放空间——为使用者的需求而设计》（*Urban open space：Designing for User Needs*）和《生物多样性规划与设计　可持续性的实践》的翻译工作。比较来看，前者以城市开放空间的案例示范了风景园林案例研究法，后者则在此基础上对该研究方法有所改进，更加简明。更为重要的是，《生物多样性规划与设计　可持续性的实践》通过多个案例研究，总结生态实践的经验，转化为专业知识，是风景园林规划设计从实践到理论的学术工作的范例。

在一些术语的翻译上，笔者参考张新时院士撰写的《有关生物多样性词汇的商榷》论文，基本原则是：preservation 和 preserve 翻译为"保存"，protection 和 protect 翻译为"保护"，conservation 和 conserve 翻译为"保育"，restoration 和 restore 翻译为"重建"，restoration ecology 翻译为"重建生态学"；但是，一些机构或公约名称采用现有的译名，如世界自然保护联盟（World Conservation Union）、大自然保护协会（The Nature Conservancy）和《保护迁徙野生动物物种公约》（*The Convention on the Conservation of Migratory Species of Wild Animals*）。

本次翻译工作自 2013 年 3 月开始启动。然而，由于译者事务繁忙，翻译工作陆陆续续进行，终于在 2019 年 2 月的春节期间完成最后的统稿工作。

在本项工作中，王向荣先生撰写了提交给出版社的翻译推荐信，赵纪军、邓位和 Mike Gimbel 多次解答翻译中的疑难问题，王曲荷、李悦、赵奕楠、罗雨晨和沈攀协助了文稿整理等工作，特此致谢！

华南理工大学亚热带建筑科学国家重点实验室对本译本的出版给予了专项经费的资助。同时，本次翻译工作还受到了广东省学位与研究生教育改革研究项目（重点项目）《基于设计研究理论的风景园林设计学位论文选题与形式研究》的资助。

最后，感谢杨虹和姚丹宁两位编辑在出版过程中的协助与帮助！

林广思

2019 年 2 月 5 日（正月初一）东村